Amit Pujari

Otimização e análise do design do corpo da válvula de gaveta da classe 8"-600

Amit Pujari

Otimização e análise do design do corpo da válvula de gaveta da classe 8"-600

ScienciaScripts

Imprint

Cover image: www.ingimage.com

This book is a translation from the original published under ISBN 978-620-2-05692-2.

Publisher:
Sciencia Scripts
is a trademark of
Dodo Books Indian Ocean Ltd. and OmniScriptum S.R.L publishing group

120 High Road, East Finchley, London, N2 9ED, United Kingdom
Str. Armeneasca 28/1, office 1, Chisinau MD-2012, Republic of Moldova, Europe
Printed at: see last page
ISBN: 978-620-7-75317-8

ACKNOLEDGEMENT

Em primeiro lugar, gostaria de agradecer ao Prof. **G.S.JOSHI**, que trabalha atualmente como professor assistente de engenharia mecânica no D.K.T.E's Textile and Engineering Institute, Ichalkaranji, por me ter orientado neste trabalho de dissertação. Estou-lhe extremamente grato por toda a sua inestimável orientação e sugestões amáveis durante todas as fases do meu trabalho de dissertação. A sua atitude sempre encorajadora, a sua orientação e a sua ajuda sincera foram a minha maior motivação para concluir este trabalho de dissertação.

Estou muito grato ao **Prof. Dr. P.V.KADOLE**, Diretor do D.K.T.E's Textile and Engineering Institute, Ichalkaranji, por me ter motivado para este trabalho de dissertação. Dr. **V.R.NAIK**, Diretor do Departamento de Engenharia Mecânica, por ter disponibilizado as instalações necessárias para a realização deste trabalho de dissertação.

Estou também grato ao Sr. **KAPIL KOLI** (P.E.E D, ENGENHEIRO em ghatge patil industries, Kolhapur) por me ter apoiado na realização deste trabalho de dissertação.

Por último, agradeço a todas as pessoas que me orientaram e ajudaram direta ou indiretamente.

AmitAppasoPujari

RESUMO

Uma válvula de comporta, também conhecida como válvula de comporta, é uma válvula que se abre levantando uma comporta/cunha redonda ou retangular para fora do caminho do fluido. A caraterística distintiva de uma válvula de comporta é que as superfícies de vedação entre a comporta e as sedes são planas, pelo que as válvulas de comporta são frequentemente utilizadas quando se pretende um fluxo de fluido em linha reta e uma restrição mínima. As faces da comporta podem ser paralelas, mas são mais frequentemente em forma de cunha. As válvulas de gaveta são utilizadas principalmente para permitir ou impedir o fluxo de líquidos, mas as válvulas de gaveta típicas não devem ser utilizadas para regular o fluxo, exceto se forem especificamente concebidas para esse fim. Devido à sua capacidade de atravessar líquidos, as válvulas de gaveta são frequentemente utilizadas na indústria petrolífera. Para fluidos extremamente espessos, é utilizada uma válvula especial, frequentemente conhecida como válvula de guilhotina, para atravessar o líquido. Ao abrir a válvula de gaveta, o caminho do fluxo é alargado de uma forma altamente não linear em relação à percentagem de abertura. Isto significa que o caudal não se altera uniformemente com o curso da haste. Além disso, uma comporta parcialmente aberta tende a vibrar com o fluxo de fluido. A maior parte da alteração do caudal ocorre perto do fecho com uma velocidade de fluido relativamente elevada, causando desgaste da comporta e da sede e eventuais fugas se forem utilizadas para regular o caudal. As válvulas de gaveta típicas são projectadas para serem totalmente abertas ou fechadas. Quando totalmente aberta, a válvula de gaveta típica não tem qualquer obstrução no percurso do caudal, resultando numa perda de fricção muito baixa.

Todas as indústrias pretendem otimizar a utilização do material de modo a poupar material, mas sem comprometer a qualidade do produto. Antigamente, utilizava-se um fator de segurança maior, do ponto de vista da segurança e porque havia material em abundância. Mas devido a uma maior revolução na ciência dos materiais, existe um grande número de materiais com melhores propriedades disponíveis para o fabrico. Na concorrência acirrada de hoje em dia, temos de manter o nosso prémio ao alcance do concorrente para nos tornarmos competitivos, pelo que a melhor forma de reduzir o custo do produto é otimizar a utilização do material.

Ghatge Patil Industries Ltd, Unchgoan, Kolhapur é uma empresa líder no fabrico de válvulas industriais. Esta empresa possui os certificados ISO-9001 e ISO-9002 dos últimos dois anos, o que por si só indica que a empresa está a funcionar com tecnologia avançada e metodologia padrão. Estas válvulas são utilizadas principalmente em indústrias petroquímicas em todo o mundo, como a Array Products Pvt. Ltd USA. A empresa fabrica válvulas de gaveta com tamanhos de 2" a 24". Recentemente, a empresa decidiu trabalhar na otimização de válvulas de gaveta da classe 8"-600. A válvula opera abaixo de 1100 psi e o peso total do conjunto da válvula é de 485 kg e o peso do corpo da válvula é de 315 kg. Assim, recomendou-se o desenvolvimento de opções alternativas para a otimização do peso do corpo da válvula de gaveta.

NOMENCLATURA

FEA	Finite Element Analysis
HDPE	High Density Polyethylene
LLDPE	Low Linear Density Polyethylene
CNG	Compressed Natural Gas
CAD	Computer Aided Drafting
CAE	Computer Aided Engineering
CATIA	Computer Aided Three Dimensional Interactive Application
ANSYS	American computer aided software
ASTM	American Society for Testing and Materials
ASME	American Society of Mechanical Engineers
WCC	Wrought Carbon cast
µstrain	Micro-Strain
HF	HydroFluoric acid
CF8M	316 grade stainless steel
RSM	Response Surface Method
THF	Tube Hydro Forming

PUBLICAÇÕES

1. Pujari A.A, Joshi G.S, 2015 "Revisão da análise e otimização do design do corpo da válvula de gaveta de 8"- 600 classes utilizando FEA e análise de tensões" revistas internacionais de investigação em Engenharia e Tecnologia (IJRET),e-ISSN:2319-1163,p-ISSN: 23217308, vol.4, Issue 2.

2. Pujari A.A, Joshi G.S, 2016 "análise e otimização do design do corpo de uma válvula de gaveta de classe 8"-600 utilizando FEA e análise de tensões", revistas internacionais de investigação em engenharia e tecnologia (IRJET), e-ISSN: 2395-0056, p-ISSN: 2395-0072, vol.3, Issue 5

ÍNDICE

CAPÍTULO 1
INTRODUÇÃO

1.1 Introdução à válvula de gaveta

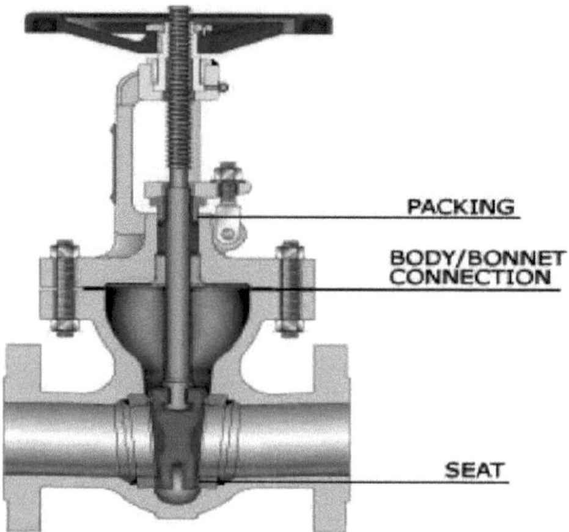

Figura 1.1 Válvula de gaveta

Uma válvula de gaveta é uma válvula de movimento linear utilizada para iniciar ou parar o fluxo de fluido; no entanto, não regula ou estrangula o fluxo. O nome portão deriva da aparência do disco no fluxo. A Fig.1.1 ilustra uma válvula de gaveta. O disco de uma válvula de gaveta é completamente removido do fluxo quando a válvula está totalmente aberta. Esta caraterística não oferece praticamente nenhuma resistência ao fluxo quando a válvula está aberta.

Uma válvula de gaveta, ou válvula de eclusa, como é por vezes conhecida, é uma válvula que se abre levantando uma comporta/aba redonda ou retangular para fora do caminho do fluido. A caraterística distintiva de uma válvula de gaveta é que as superfícies de vedação entre a gaveta e as sedes são planas. As faces da comporta podem ter a forma de uma cunha ou podem ser paralelas. As válvulas de gaveta são por vezes utilizadas para regular o caudal, mas muitas não são adequadas para esse fim, tendo sido concebidas para serem totalmente abertas ou fechadas. Quando totalmente aberta, a válvula de gaveta típica não tem qualquer obstrução no percurso do fluxo, o que resulta numa perda por atrito muito baixa; quando a válvula de gaveta está fechada, há muitas obstruções no percurso do fluxo, o que, por sua vez, produz perdas por atrito elevadas.

1.2 Componentes da válvula de gaveta :

Existem três partes principais da Válvula de gaveta:

- Corpo
- Boné
- Guarnição

1. **Corpo :-**

O corpo da válvula é o invólucro exterior da maior parte ou da totalidade da válvula, que contém as peças internas ou o revestimento. O castelo é a parte do invólucro através da qual a haste passa e que forma uma guia e vedação para a haste. Normalmente, o castelo é aparafusado ou aparafusado ao corpo da válvula.

Os corpos das válvulas são normalmente metálicos ou de plástico. São muito comuns o latão, o bronze, o bronze metálico, o ferro fundido, os aços de liga de aço e os aços inoxidáveis. As aplicações de água do mar, como as instalações de dessalinização, utilizam frequentemente válvulas duplex, bem como válvulas super duplex, devido às suas propriedades de resistência à corrosão, particularmente contra a água do mar quente. As válvulas Alloy 20 são normalmente utilizadas em instalações de ácido sulfúrico, enquanto as válvulas Monel são utilizadas em instalações de ácido fluorídrico (ácido HF). As válvulas de Hastelloy são frequentemente utilizadas em aplicações de alta temperatura, como as centrais nucleares, enquanto as válvulas de inconel são frequentemente utilizadas em aplicações de hidrogénio. Os corpos de plástico são utilizados para pressões e temperaturas relativamente baixas. O PVC, o PP, o PVDF e o nylon reforçado com vidro são plásticos comuns utilizados nos corpos das válvulas

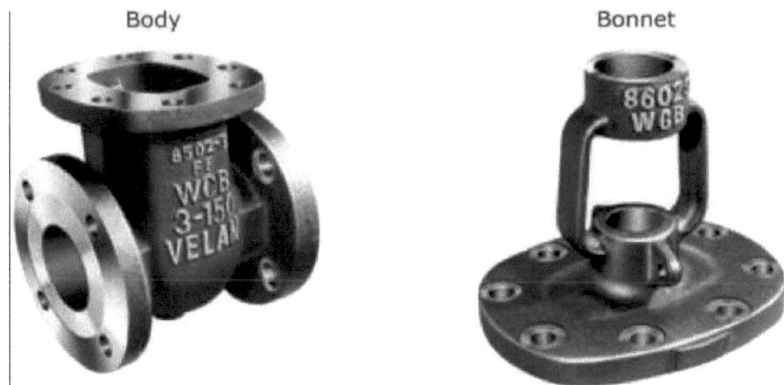

2. **Capot :-.**

O castelo de uma válvula de cunha contém as peças móveis e está ligado ao corpo da

válvula. O castelo pode ser retirado do corpo para permitir a manutenção e a substituição de peças. Os casquilhos proporcionam um fecho estanque ao corpo da válvula. As válvulas de gaveta podem ter um castelo de rosca, de união ou aparafusado. O castelo de rosca é o mais simples, oferecendo uma vedação durável e estanque à pressão. O castelo de união é adequado para aplicações que requerem inspeção e limpeza frequentes. Também confere ao corpo uma maior resistência. O castelo aparafusado é utilizado para válvulas maiores e aplicações de pressão mais elevada.

3. **Aparar :-**

O revestimento de uma válvula de gaveta contém as peças de funcionamento da válvula:

- Caule
- Portão - o disco ou a cunha
- Anéis de assento.

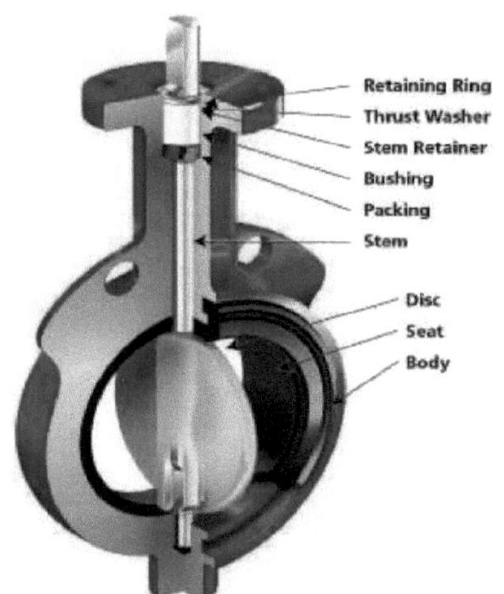

Figura 1.2 Componentes da válvula de gaveta

- **Haste** - A haste de uma válvula de cunha pode ser uma haste ascendente ou uma haste não ascendente. A haste é responsável pelo posicionamento correto do disco. As hastes não ascendentes têm quase sempre um indicador do tipo ponteiro montado na extremidade superior da haste para indicar a posição da válvula. Esta configuração protege as roscas contra a entrada de sujidade no empanque, porque as roscas da haste são mantidas dentro dos limites do empanque da válvula. As hastes ascendentes saem do percurso do caudal quando a válvula é aberta. Podem ter uma haste que se eleva através do volante ou uma haste que é roscada no castelo.

- **Sede** - A sede de uma válvula de cunha é integral com o corpo da válvula ou numa configuração do tipo anel de sede. A construção do anel da sede é roscada no corpo ou pressionada na posição e o vedante é soldado ao corpo da válvula. A prensagem e a soldadura são recomendadas para aplicações a temperaturas mais elevadas. As sedes prensadas ou roscadas permitem a variação do material da sede em relação ao material do corpo da válvula.

1.3 Método de controlo :-

O elemento de fecho de uma válvula de cunha é um disco substituível. Para abrir a válvula, o disco é completamente removido do fluxo e praticamente não oferece resistência. Por conseguinte, há uma pequena queda de pressão através da válvula de gaveta aberta. Uma válvula de gaveta totalmente fechada proporciona uma boa vedação devido à superfície de contacto de 360° entre o disco e o anel de vedação. O encaixe correto de um disco no anel de vedação assegura que existe muito pouca ou nenhuma fuga através do disco quando a válvula de cunha está fechada. A figura seguinte mostra a posição aberta e fechada da válvula de gaveta.

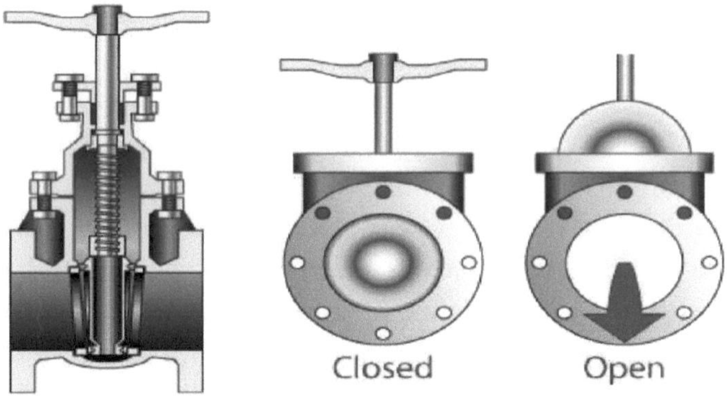

Figura 1.3 Método de controlo da válvula de gaveta

1.4 Aplicações da válvula de gaveta

- As válvulas de gaveta são utilizadas em aplicações que envolvem líquidos viscosos, tais como óleos pesados, gorduras leves, verniz, melaço, mel, natas e outros líquidos viscosos não inflamáveis.
- As válvulas de gaveta são concebidas para minimizar a queda de pressão através da

válvula na posição totalmente aberta e parar completamente o fluxo de fluido.

> As válvulas de gaveta são utilizadas em muitas aplicações industriais, incluindo a indústria do petróleo e do gás, farmacêutica, indústria transformadora, automóvel e marítima.

> As válvulas de gaveta podem ser utilizadas em ambientes exigentes, como ambientes de alta temperatura e alta pressão.

> São frequentemente vistos em centrais eléctricas, tratamentos de água, minas e aplicações offshore. Também são utilizados nas indústrias petroquímicas.

> Podem também ser utilizados para serviços criogénicos e de vácuo.

1.5 Pertinência do tema da dissertação :-

Todas as indústrias pretendem otimizar a utilização do material de modo a poupar material, mas sem comprometer a qualidade do produto. Antigamente, utilizava-se um fator de segurança maior, do ponto de vista da segurança e porque havia material em abundância. Mas devido a uma maior revolução na ciência dos materiais, existe um grande número de materiais com melhores propriedades disponíveis para o fabrico. Na concorrência acirrada de hoje em dia, temos de manter o nosso prémio ao alcance do concorrente para nos tornarmos competitivos, pelo que a melhor forma de reduzir o custo do produto é otimizar a utilização do material.

Ghatage Patil Industries Ltd, Uchagaon, Kolhapur é uma empresa líder no fabrico de válvulas industriais. Estas válvulas são utilizadas principalmente em indústrias petroquímicas em todo o mundo, como a Array Products Pvt. Ltd USA. A empresa fabrica válvulas de gaveta de 2" a 24". Recentemente, a empresa decidiu trabalhar na otimização de válvulas de gaveta de 8"- classe 600. A válvula funciona a menos de 1100 psi e o peso total do conjunto da válvula é de 485 kg e o peso do corpo da válvula é de 315 kg. O objetivo deste trabalho é conceber um corpo de válvula de gaveta optimizado para reduzir o seu peso, uma vez que o peso adicional aumenta o custo do produto.

Por isso, recomendou o desenvolvimento de opções alternativas para a otimização do peso do corpo da válvula de comporta.

1.6 Necessidade de ANSYS na conceção de novos produtos :-

Atualmente, as indústrias estão sujeitas a uma forte concorrência. Todos os dias chegam ao mercado vários produtos novos. Para manter o produto no mercado, este deve ser de boa qualidade e bem concebido. É necessário muito tempo para conceber um produto e criar um protótipo manualmente. Este protótipo deve ser verificado para cumprir os requisitos do objetivo prático. Se o produto projetado não for seguro ou não for satisfatório, deve ser alterado e testado novamente.

Assim, é necessário muito tempo para conceber o produto. A simulação por computador é a solução para este problema. O protótipo pode ser facilmente criado no computador. Se for definido corretamente, dá resultados quase exactos. Se for necessário efetuar alguma alteração, esta pode ser feita facilmente. Assim, poupa-se imenso tempo na conceção de um produto. ANSYS é um pacote de FEA de uso geral para resolver numericamente uma grande variedade de problemas mecânicos. Estes problemas incluem análise estrutural estática/dinâmica, transferência de calor e problemas de fluidos, bem como problemas acústicos e electromagnéticos

1.7 Organização do trabalho de dissertação

Capítulo 1

Este capítulo apresenta uma introdução à válvula de gaveta, aplicações da válvula de gaveta, relevância do tema da dissertação e necessidade do ANSYS no projeto de novos produtos.

Capítulo 2

Neste capítulo, são fornecidas informações sobre estudos teóricos e experimentais anteriores. Estas informações são muito úteis para a realização de análises de tensão FEA e experimental do corpo da válvula de comporta.

Capítulo 3

Este capítulo fornece informações sobre vários materiais e as suas propriedades utilizadas para o fabrico de corpos de válvulas de cunha e o cálculo da espessura mínima da parede necessária para um funcionamento seguro.

Capítulo 4

As informações sobre a FEA, as várias etapas da FEA, a modelação sólida e a malha do corpo da válvula de comporta, as cargas e as condições de fronteira aplicadas, a análise dos resultados abordados neste capítulo

Capítulo 5

Este capítulo fornece informações sobre a análise experimental de tensões do corpo da válvula de gaveta utilizando rosetas de extensómetros, a configuração experimental utilizada e o cálculo das tensões principais no corpo da válvula de gaveta com base em leituras experimentais.

Capítulo 6

A comparação dos resultados obtidos a partir da análise de tensões da FEA e da análise experimental é discutida neste capítulo.

Capítulo 7

Neste capítulo, são abordadas informações sobre os diferentes modelos criados através da variação dos parâmetros de projeto, os resultados das tensões principais para estes modelos e a redução do peso.

Capítulo 8

Neste capítulo, são discutidos o peso total reduzido e os resultados do FEA dos corpos das válvulas recentemente concebidos, sendo discutida a conclusão obtida com base nos resultados.

Referências

As referências necessárias para todo o trabalho estão incluídas no final do relatório.

CAPÍTULO 2

REVISÃO DA LITERATURA

Foi efectuada uma pesquisa bibliográfica para obter informações sobre a FEA e as técnicas de otimização. Esta pesquisa bibliográfica forneceu informações úteis sobre o método experimental de análise de tensões. A literatura é recolhida de vários artigos publicados a nível internacional, revistas internacionais e documentos de empresas. A revisão da literatura do trabalho realizado por diferentes investigadores na área da otimização do peso, da FEA e da técnica de análise experimental de tensões é discutida abaixo.

E.S. Barboza Neto, et al. (2011) investigou o comportamento do polietileno de baixa densidade linear (PEBDL) e 5 wt.% de polietileno de alta densidade (PEAD). Eles fizeram protótipos de vasos de pressão utilizados para o armazenamento de gás natural comprimido (GNC). O método descrito para a determinação teórica da espessura mínima e da razão de pressão de rutura para revestimentos de tamanhos distintos. As simulações FEA do vaso de pressão compósito foram efectuadas com recurso ao ABAQUS/CAE 6.8, considerando o comportamento elástico linear do revestimento polimérico e do laminado de carbono/epóxi. O modelo elasto-plástico utilizado para o material de revestimento da mistura polimérica mostrou concordância com os ensaios experimentais de pressão e com o procedimento ASME **[1].**

Xue-Guan SONG et al. (2009) estudaram as propriedades mecânicas e químicas do CF8M através de experiências. Uma aplicação de CF8M no corpo da válvula foi analisada utilizando o método dos elementos finitos (MEF) para avaliar a segurança estrutural. Utilizaram a técnica computacional para superar a dificuldade de não transparência e investigar detalhes do escoamento no interior de uma válvula de esfera, por não ser visível. Foi realizada uma otimização com diversas variáveis baseada no método da superfície de resposta (RSM) para encontrar a dimensão óptima da válvula. Os resultados mostram que a utilização do processo FEA pode poupar eficazmente a massa da válvula, bem como os custos de cálculo. A experimentação concluiu que:-

1) 16,67% de redução de peso em relação ao projeto inicial

2) O ASTM A296 CF8M é muito adequado para válvulas de esfera, uma vez que aumenta a resistência geral à corrosão e proporciona maior resistência à temperatura ambiente e elevada.

Sugeriram a inclusão da análise térmica na otimização em trabalhos futuros **[2].**

Moustabchir et al. (2010) apresentaram uma análise experimental e numérica do estado de tensão e deformação de uma casca cilíndrica pressurizada com defeitos externos. Em primeiro lugar, foi investigada uma casca cilíndrica com defeitos externos longitudinais sujeita a pressão interna. Os resultados mostram que os resultados da FEA e do extensómetro coincidem entre si e são aceitáveis **[3]**.

Yong Zhang et al. (2008) trabalharam num novo método que combina o algoritmo genético com a simulação de elementos finitos para obter os parâmetros óptimos de enformação da hidroformação. Trabalharam no invólucro da válvula de esfera, uma vez que este é o componente-chave na montagem, contribuindo para o peso. O documento descreve o processo de hidroformação de tubos (THF), que utiliza principalmente a pressão do fluido e o material do tubo para produzir várias peças moldadas. É também efectuada a simulação de elementos finitos. Os resultados mostram que o método proposto parece ser capaz de encontrar as soluções globais dos parâmetros de conformação para o casco da válvula de parede fina **[4]**.

B. Prabu et al. (2009) trabalharam na falha de encurvadura de um recipiente de pressão cilíndrico. O documento descreve a análise da encurvadura por flexão autónoma que prevê a resistência teórica à encurvadura de uma estrutura elástica linear ideal. Juntamente com a análise de encurvadura de Eigen, é também descrita a análise de FE para problemas não lineares. Os resultados obtidos são validados por comparação com a pressão de encurvadura indicada no livro de dados. Este documento conclui que, quando a amplitude das imperfeições aumenta, a pressão de encurvadura diminui e, à medida que o λ da prega interior aumenta, a resistência à encurvadura diminui **[5]**.

L.N. Wankhade et al. (2013) Neste artigo, o trabalho é efectuado para medir a tensão e a distribuição da temperatura na superfície superior do pistão. No motor I.C., o pistão é a peça mais complexa e importante, pelo que, para o bom funcionamento do veículo, o pistão deve estar em boas condições de funcionamento. Os pistões falham principalmente devido a tensões mecânicas e tensões térmicas. A análise do pistão é efectuada com condições de fronteira. O modelo CAD é criado utilizando a ferramenta CATIA V5. O modelo CAD é importado para o Hyper Mesh para efeitos de limpeza da geometria e da malha. A FEA é efectuada utilizando o RADIOSS **[6]**.

Prabhala et al. (2012) Investigou que a quilometragem do automóvel também depende do peso do automóvel. E o maior peso é o do motor. Uma vez que o motor é o conjunto de muitos componentes, vamos pegar no componente específico e otimizar o peso, ou seja, de acordo com a sua função. Neste projeto, utilizamos a liga de alumínio 1060 e a liga de aço fundido. Os componentes são projectados utilizando o pro-E e a análise é feita pelo cosmos. A conceção da cambota do motor, da biela e do conjunto do pistão é analisada utilizando as forças padrão que actuam no pistão. Ao utilizar o estado estacionário e a medida de análise modal em diferentes ligações, observando os resultados da análise acima, o alumínio está a ter muito menos peso em comparação com o aço, pelo que podemos concluir que o conjunto modificado está a ter mais eficiência mecânica e também podemos reduzir o custo do produto e da produção **[7]**.

Silva, S.P., Pereira, R.F.P., Abreu G. A., Panzera T. H. et al (2010), Neste trabalho a pesquisa foi focada na filosofia Lean Manufacturing como suporte para aumentar a taxa de produtividade na empresa TRW Steering Systems. Assim, foi proposto um novo conceito de ferramentas de corte com a ferramenta Penta. O equipamento utilizado foi um Torno CNC Doosan Lynx 220 com velocidade máxima do fuso de 6.000 rpm e potência máxima de 15 kW. A conclusão do estudo foi que, apesar do grande investimento em novas ferramentas e equipamentos, foi possível alcançar uma redução de custos com a adequação do setup de usinagem de buchas, consequentemente, aumentando o ganho real anual da capacidade instalada **[8]**.

Pradnyawant .K. Parase, Prof. Laukik B. Raut et al. (2014) A FEA é um dos métodos numéricos utilizados para resolver problemas matemáticos complexos. Todo o domínio da solução deve ser discretizado em subdomínios de forma simples, designados por elementos. O software ANSYS é utilizado para a análise do corpo da válvula, que se baseia no método FEA. O resultado encontrado foi que o melhor modelo optimizado é aquele em que a espessura da parede é reduzida em 2 mm e a espessura da parede é reduzida em 2 e o raio do pescoço é aumentado para 180 mm, reduzindo 9,95 kg (7,11%) de peso, porque o nível máximo de tensão é muito inferior ao valor da tensão de cedência do material **[9]**.

Ejub Ajan , Samir Lemes et al (2006), Este documento apresenta a metodologia básica do projeto da válvula borboleta utilizando tecnologias CAD e FEM. O objetivo principal é a otimização do peso do corpo da caixa da válvula. A otimização das construções de formas complexas, como o corpo da válvula de borboleta, pode ser realizada com êxito utilizando técnicas CAE. Neste caso, o corpo da válvula (D = 600 mm e p = 16 bar) foi optimizado através da redução do peso. A nova construção será mais barata e mais competitiva no mercado. Para confirmar os resultados, é necessário efetuar a experiência com estes novos valores de espessura **[10]**.

Dr. K.H. Jatkar , Sunil S. Dhanwe et al (2013), Este artigo inclui a análise de elementos finitos da válvula de gaveta. Um modelo de cada elemento da válvula de gaveta é desenvolvido em CATIA V5R17 e analisado em ANSYS 11. A análise de tensões da válvula de gaveta é efectuada pelo MEF utilizando o ANSYS 11 e a ação válida é apoiada pela análise de tensões utilizando a teoria clássica da mecânica. Finalmente, os resultados obtidos com o software FEM e a teoria analítica clássica são comparados **[11]**.

Deokar Vinayak Hindurao, D.S.Chavan et al , Este artigo aborda a análise FEA do corpo da válvula de encaixe seguida de uma análise experimental das tensões utilizando o método do extensómetro para a otimização do peso. Foram preparados novos modelos optimizados com base na validação dos resultados obtidos a partir do procedimento de análise de tensões. A redução do peso é efectuada através da alteração da espessura da parede e das nervuras. Os resultados mostram claramente que a redução máxima de peso é de 24,86 kg (5,26%) do peso original, mantendo o nível máximo de tensão até 168,6 N/mm^2 , o que é seguro para a carga aplicada **[12].**

Sr. Shridhar S. Gurav, Dr. S. A. Patil et al (2014), Este artigo dá uma breve visão sobre a adequação da redução do peso da válvula de gaveta usando a análise de elementos finitos e compara com a análise experimental de tensão com a correspondência da tensão principal um e dois e a tensão de voin mises teórica e real. E, de acordo com essa redução de peso do corpo da válvula, utilizando restrições de pressão e tensão do corpo da válvula **[13].**

CAPÍTULO 3

ANÁLISE TIRÓTICA DO CORPO DA VÁLVULA DE GAVETA

3.1 Vários materiais utilizados no corpo da válvula de gaveta

A seleção do material do corpo é normalmente baseada na pressão, temperatura, propriedades corrosivas e propriedades erosivas do meio de escoamento. Por vezes, é necessário chegar a um compromisso na seleção de um material. Por exemplo, um material com boa resistência à erosão pode não ser satisfatório devido a uma fraca resistência à corrosão quando se manuseia um determinado fluido. Algumas condições de serviço requerem a utilização de ligas e metais exóticos para resistir a propriedades corrosivas específicas do fluido em escoamento. Estes materiais são muito mais caros do que os metais comuns, pelo que a economia pode também ser um fator na seleção do material. Felizmente, a maioria das aplicações de válvulas de controlo lida com fluidos relativamente não corrosivos a pressões e temperaturas razoáveis. Por conseguinte, o aço-carbono fundido é o material do corpo da válvula mais utilizado e pode proporcionar um serviço satisfatório a um custo muito inferior ao dos materiais de ligas exóticas. As descrições e tabelas seguintes fornecem informações básicas sobre vários materiais populares utilizados para a fundição de corpos de válvulas.

3.1.1 Aço-carbono fundido (ASTM A216 Grau WCC)

O WCC é o material de aço mais popular utilizado para corpos de válvulas em serviços moderados, como ar, vapor saturado ou sobreaquecido, líquidos não corrosivos e gases. O WCC não é utilizado acima de 800°F (427°C), pois a fase rica em carbono pode ser convertida em grafite. Pode ser soldado sem tratamento térmico, exceto se a espessura nominal for superior a 1-1/4 polegadas (32 mm).

Temp. Gama = -20 a 800°F (-29 a 427°C)

Carbon (C)	**Manganese (Mn)**	**Phosphorus (P)**	**Sulphur (S)**	**Silicon (Si)**	**Chromium (Cr)**	**Molybdenum (Mo)**
0.05 To 0.18	0.4 To 0.7	0.04 Max	0.045 max	0.6 max	2.0 To 2.75	0.9 To 1.2

Tabela 3.1.1.A - Propriedades químicas

Tensile Strength (MPa)	Yield Strength (MPa)	Elongation in 2-inch (50 mm)	Reduction in Area (%)	Modulus of elasticity AT 70°F (21°C) (MPa)	Brinell hardness number
485-655	275	22	35	20.1E5	137-187

Tabela 3.1.1.B - Propriedades mecânicas

3.1.2 Aço fundido ao crómio e ao molibdénio (ASTM A217, grau WC9)

Esta é a classe Cr-Mo padrão. O WC9 substituiu o C5 como padrão devido às suas propriedades superiores de fundição e soldadura. O WC9 substituiu com êxito o C5 em todas as aplicações durante vários anos. O crómio e o molibdénio proporcionam resistência à erosão-corrosão e à fluência, tornando-o útil até 1100_F (593_C). O WC9 requer um pré-aquecimento antes da soldadura e um tratamento térmico após a soldadura.
Temp. Gama = -20 a 1100°F (-29 a 593°C)

Carbon (C)	Manganese (Mn)	Phosphorus (P)	Sulphur (S)	Silicon (Si)	Chromium (Cr)	Molybdenum (Mo)
0.05 To 0.18	0.4 To 0.7	0.04 Max	0.045 max	0.6 max	2.0 To 2.75	0.9 To 1.2

Tabela 3.1.2.A - Propriedades químicas

Tensile Strength (MPa)	Yield Strength (MPa)	Elongation in 2-inch (50 mm)	Reduction in Area (%)	Modulus of elasticity AT 70°F (21°C) (MPa)	Brinell hardness number
485-655	275	20	35	20.6E4	147-200

Tabela 3.1.2.B - Propriedades mecânicas

3.1.3 Aço fundido ao crómio e ao molibdénio (ASTM A217, grau C5)

No passado, o C5 era normalmente especificado para aplicações que exigiam aços ao crómio e ao molibdénio. No entanto, este material é difícil de fundir e tende a formar fissuras quando soldado. O WC9 substituiu com êxito o C5 em todas as aplicações durante vários anos.

Temp. Gama = -20 a 1200°F (-29 a 649°C)

Carbon (C)	Manganese (Mn)	Phosphorus (P)	Sulphur (S)	Silicon (Si)	Chromium (Cr)	Molybdenum (Mo)
0.2 Max	0.4 To 0.7	0.04 Max	0.045 max	0.75 max	4.0 To 6.5	0.45 To 0.65

Tabela 3.1.3.A - Propriedades químicas

Tensile Strength (MPa)	Yield Strength (MPa)	Elongation in 2-inch (50 mm)	Reduction in Area (%)	Modulus of elasticity AT 70°F (21°C) (MPa)	Brinell hardness number
620-795	415	18	35	19.0E4	176-255

Tabela 3.1.3.B - Propriedades mecânicas

3.1.4 Aço inoxidável fundido tipo 304L (ASTM A351, grau CF3)

Trata-se de uma boa oferta de material para válvulas de serviço químico. O 304L é o melhor material para o ácido nítrico e algumas outras aplicações de serviço químico. A resistência óptima à corrosão mantém-se mesmo no estado soldado.

Temp. Gama = -425 a 800°F (-254 a 427°C)

Carbon (C)	Manganese (Mn)	Phosphoru s(P)	Sulphur (S)	Silicon (Si)	Chromium (Cr)	Molybdenum (Mo)
0.03 Max	1.5 Max	0.045 Max	0.03 max	2.0 max	18. To 21.0	0.5 max

Tabela 3.1.4. - Propriedades químicas

Tensile Strength (MPa)	Yield Strength (MPa)	Elongation in 2-inch (50 mm)	Reduction in Area (%)	Modulus of elasticity AT 70°F (21°C) (MPa)	Brinell hardness number
845	170	30	40	20.0E4	149

Tabela 3.1.4.B - Propriedades mecânicas

3.1.5 Aço inoxidável tipo 316 fundido (ASTM A351, grau CF8M)

Este é o material de corpo de aço inoxidável padrão da indústria. A adição de molibdénio confere ao Tipo 316 uma maior resistência à corrosão, à corrosão por pite, à fluência e aos fluidos oxidantes, em comparação com o 304. Tem a gama de temperaturas mais ampla de qualquer material padrão: - 325°F (-198°C) a 1500°F (816°C). As peças fundidas em bruto são tratadas termicamente para proporcionar a máxima resistência à corrosão.

Temp. Gama = -425 a 1500°F (-254 a 816°C).

Carbon (C)	Manganese (Mn)	Phosphorus (P)	Sulphur (S)	Silicon (Si)	Chromium (Cr)	Molybdenum (Mo)
0.08 max	1.5 Max	0.04 Max	0.04 Max	1.5 Max	18.0 To 21.0	2 To 3

Tabela 3.1.5. - Propriedades químicas

Tensile Strength (MPa)	Yield Strength (MPa)	Elongation in 2-inch (50 mm)	Reduction in Area (%)	Modulus of elasticity AT 70°F (21°C) (MPa)	Brinell hardness number
485	205	30	-	19.5E4	163

Tabela 3.1.5.B - Propriedades mecânicas

CAPÍTULO 4

ANÁLISE DE ELEMENTOS FINITOS

Os modelos matemáticos simples podem ser resolvidos analiticamente, mas os modelos mais complexos requerem a utilização de métodos numéricos. A FEA é um dos métodos numéricos utilizados para resolver problemas matemáticos complexos. Todo o domínio da solução deve ser discretizado em subdomínios de forma simples, designados por elementos. O software ANSYS é utilizado para a análise do corpo da válvula, que se baseia no método FEA.

4.1 Etapas da análise de elementos finitos

4.1.1 Modelação 3D do corpo da válvula

No ANSYS é muito difícil modelar a peça com modelação paramétrica em comparação com os softwares de modelação disponíveis, como o CATIA e o Pro-E. Para criar um modelo 3D do corpo da válvula com todos os pormenores geométricos intrincados, é utilizado o software CATIA. O modelo 3D criado do corpo da válvula é apresentado na figura 4.1.

Figura 4.1.1 - Modelo 3D do corpo da válvula

Ao criar um modelo 3D, teve-se o cuidado de o modelar com uma expressão paramétrica, para que, à medida que as dimensões mudam, se reduza o tempo de repetição necessário para modelação. Os pequenos passos e os champanhes são eliminados durante a modelação. O modelo 3D criado é guardado no formato de ficheiro part.igs, uma vez que este formato de ficheiro é adequado para a importação deste modelo para a criação de malhas no software Hypermesh.

4.1.2 Malha do modelo 3D do corpo da válvula

Em termos simples, criar uma malha significa ligar elementos entre si. Os elementos são os blocos de construção da análise de elementos finitos. A criação de malhas é efectuada utilizando o software hyper mesh, uma vez que o hyper mesh é um software dedicado muito utilizado para a criação de malhas.

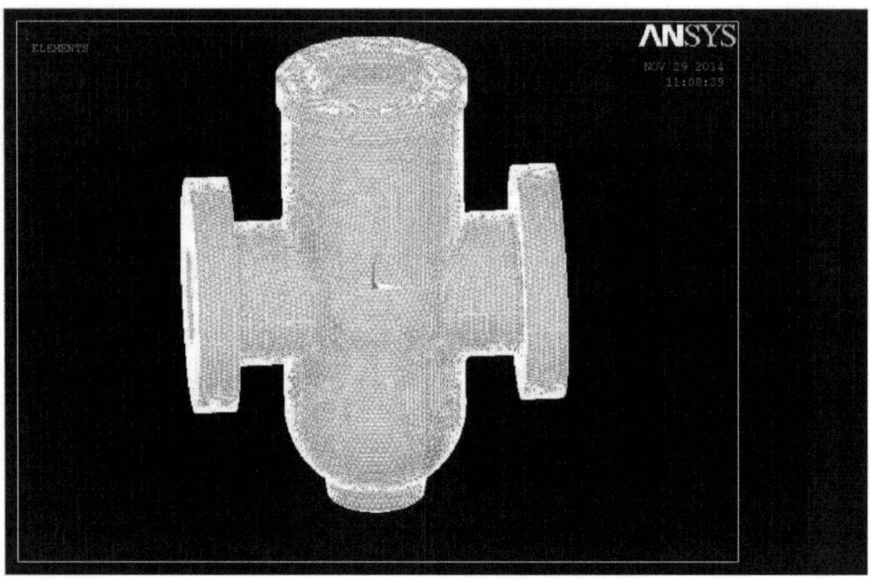

Figura 4.1.2 - Modelo em malha

A criação de malhas é uma etapa importante na análise FEA. A criação de malhas é efectuada de forma adequada para obter resultados precisos durante os cálculos. O modelo é engrenado utilizando o elemento SOLID 45 e com um tamanho de elemento de 07. Após a criação da malha, foram criados um total de 406468 elementos e 38154 nós. Quando se utiliza um maior número de elementos, obtém-se uma maior precisão, mas, simultaneamente, o tempo de cálculo aumenta consideravelmente.

4.1.3 Propriedades do material atribuídas

Após a conclusão da criação da malha, as propriedades do material são atribuídas ao modelo com malha.

Estas propriedades são enumeradas a seguir.

Material utilizado-ASTM A216 Grau WCC

Módulo de Young-2 .7E5 N/mm^2

Rácio de venenos -0,28

4.1.4 Cargas e condições de fronteira:

Carga estrutural significa aplicar pressão hidráulica interna ao corpo da válvula. Foram aplicadas duas pressões internas diferentes, 10,34 MPa e 15,51 MPa, em toda a superfície interna do corpo da válvula, o que é mostrado pelas setas vermelhas na figura. Todo o grau de liberdade das flanges de entrada e de saída é restringido e é mostrado com a ajuda da cor azul na figura.

figura 4.3.

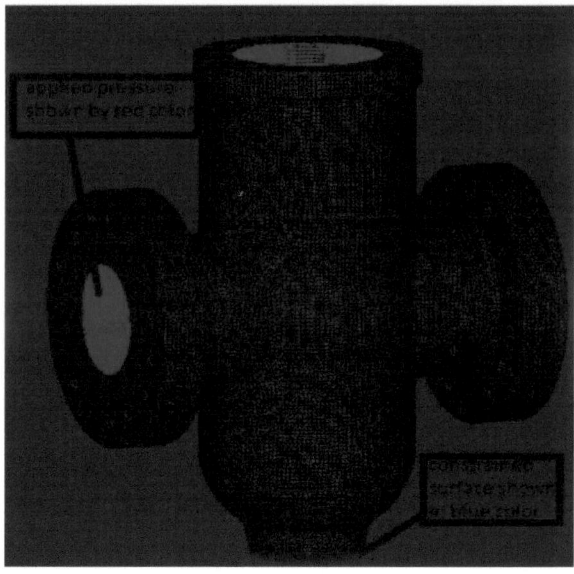

Figura 4.1.4 - Cargas aplicadas e **condições** de fronteira ao modelo de malha

4.1.5 Resultados e sua interpretação física

Depois de aplicar as propriedades dos materiais e as condições de fronteira, o problema foi resolvido pelo ANSYS solver. O ANSYS solver formula as equações de tensão e deformação estruturais determinantes para cada um dos elementos. Com esta equação governante, podem ser calculadas outras quantidades, tais como tensões e deformações. O padrão de tensões para duas condições de pressão diferentes é observado utilizando a ferramenta de pós-processamento. Os resultados são apresentados com faixas de cores diferentes das tensões ao lado da figura. As tensões principais e as tensões de von-misses são as verificações lógicas para a análise estrutural do corpo da válvula. Após cada análise, estas verificações lógicas são objeto de uma verificação cruzada.

Os resultados da FEA para duas condições diferentes de pressão interna (isto é, a 10,34 MPa e 15,51 MPa) são apresentados nas figuras seguintes.

4.1.5.1 Resultados da FEA para pressões internas de 10,34 MPa aplicadas.

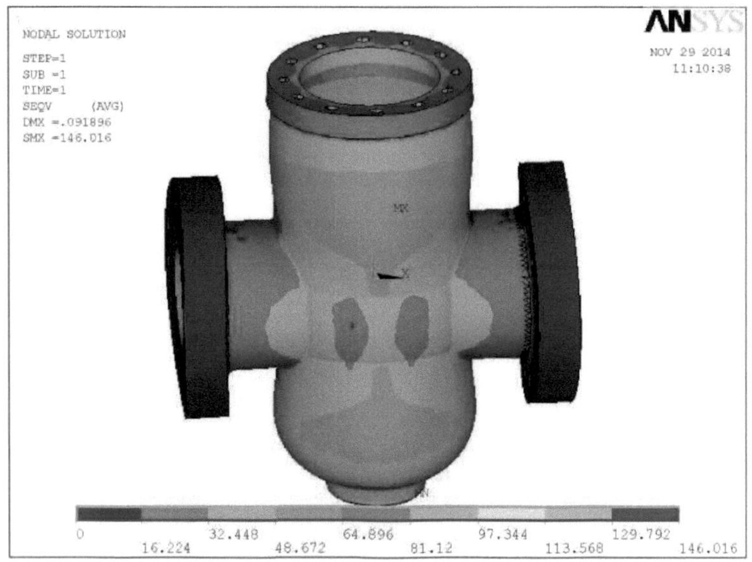

Figura 4.1.5.1.A - Tensões de Von-misses

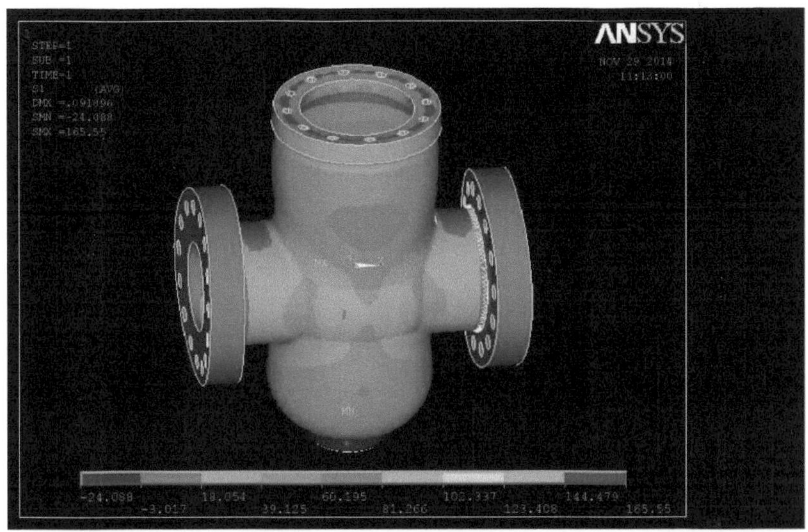

Figura 4.1.5.1.B - 1st tensão principal

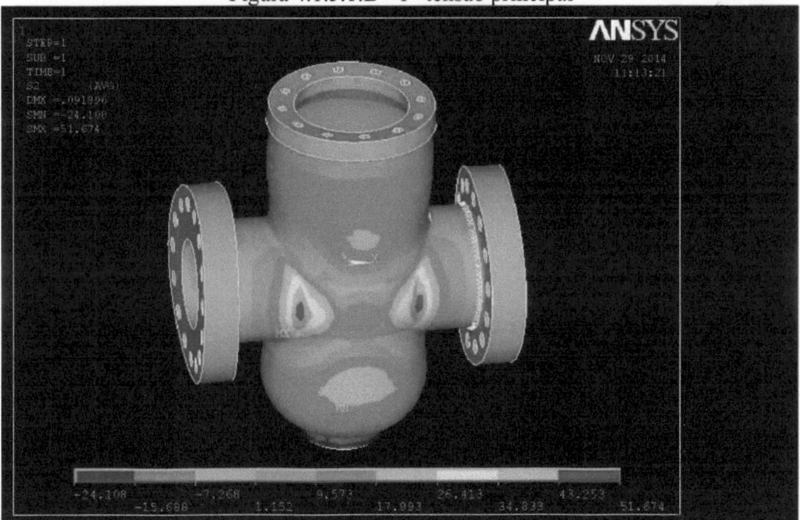

Figura 4.1.5.1.C - 2nd tensão principal

4.1.5.2 Resultados da FEA para uma pressão interna de 15,51 MPa aplicada.

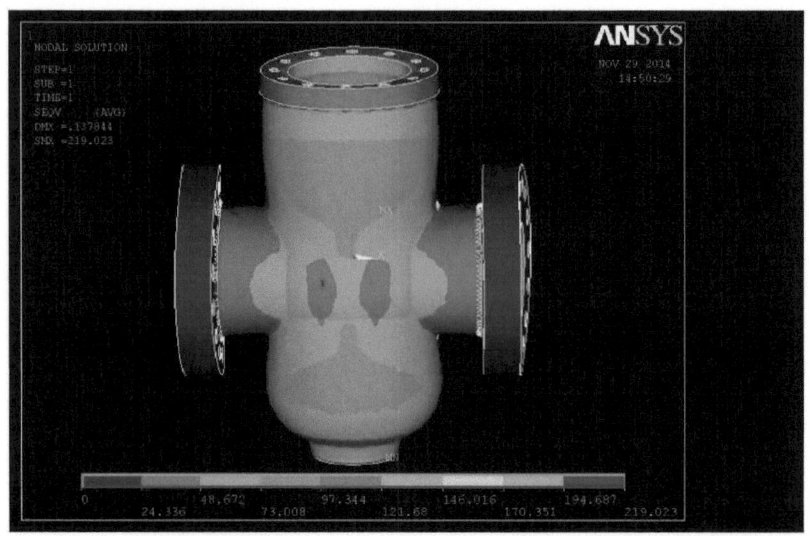

Figura 4.1.5.2.A - Tensão de Von-mises

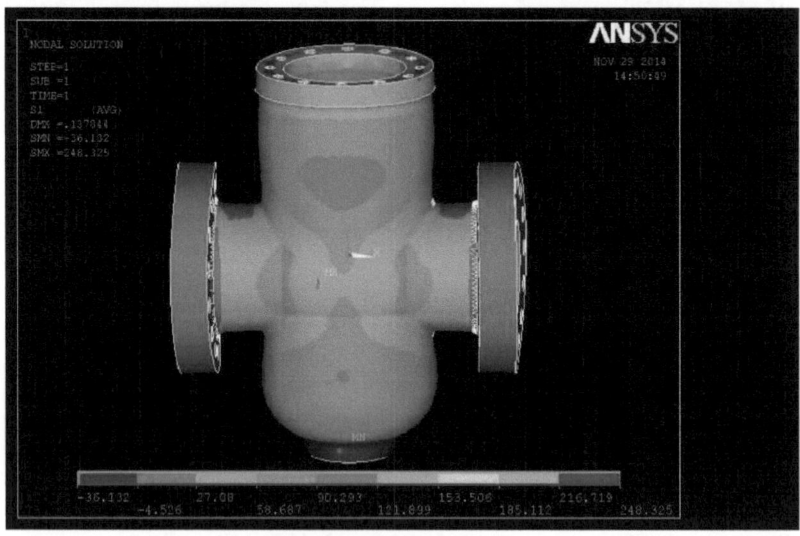

Figura 4.1.5.1.B - 1st tensão principal

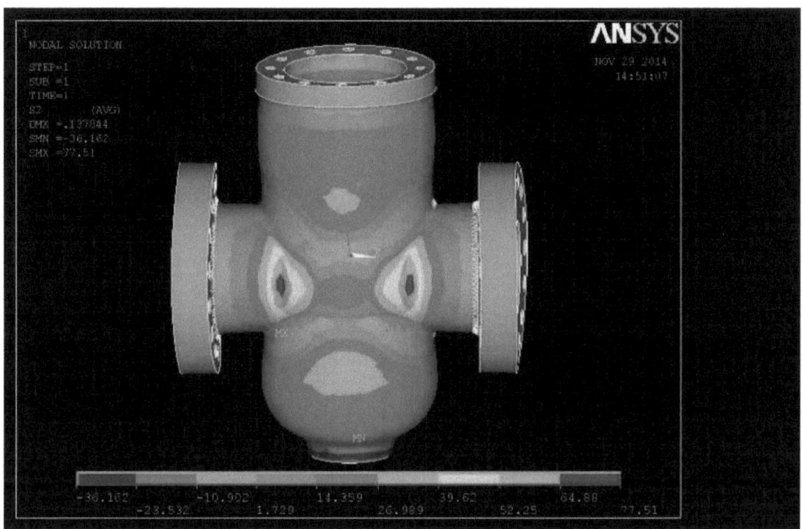

Figura 4.1.5.1.C - 2nd tensão principal

O gráfico de contorno colorido da tensão principal mostra que a cor castanha fraca indica a região de tensões moderadas (tensão de tração) e a cor azul indica a região de tensões baixas (tensões de compressão), enquanto a cor vermelha indica tensões elevadas. Se o padrão de cor vermelha for visto na forma de ponto, é chamado de tensões singulares. Estas tensões singulares são geradas devido ao carregamento, às condições de fronteira e à geometria. A interpretação pós-processamento é feita simplesmente ignorando estas tensões singulares e negligenciando as tensões irrealistas.

A tensão principal máxima 165,55 N/mm^2 e 248,325 N/mm^2 encontra-se no lado interior da válvula para pressões de 10,34 MPa e 15,51 MPa, respetivamente. Enquanto que a tensão principal mínima (2nd tensão principal) 24,108 N/mm^2 e 36,162 N/mm^2 se encontram no lado interior da válvula para pressões de 10,34 MPa e 15,51 MPa, respetivamente. Como a pressão interna actua sobre a área de pressurização interna efectiva do corpo da válvula, resulta na expansão do corpo da válvula.

4.2 Seleção de locais para montagem de rosetas de extensómetros.

Os resultados dos elementos finitos mostram que o flange está sujeito a uma forte tensão de tração. Mas não é possível montar a roseta extensométrica exatamente nesta flange, porque a espessura da flange é menor para a montagem da roseta extensométrica. Para maior comodidade, a roseta extensométrica será montada em diferentes partes do corpo da válvula. As duas localizações diferentes foram decididas através de uma análise cuidadosa dos resultados da FEA. A Figura 4.2

mostra as duas localizações diferentes seleccionadas para a montagem das rosetas de extensómetros.

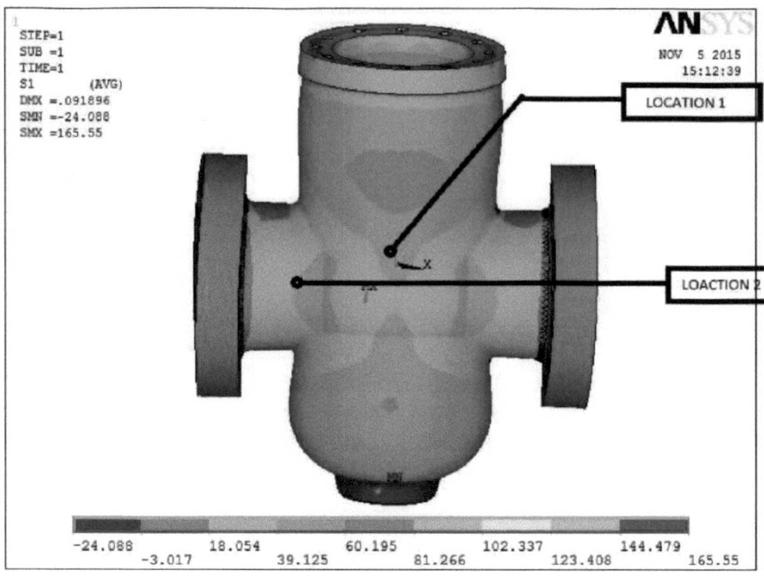

Figura 4.2 - Diferentes locais seleccionados para a montagem da roseta extensométrica

1st e 2nd Os resultados das tensões principais da FEA nestes quatro locais serão comparados com os resultados das tensões experimentais no mesmo ponto para validação dos resultados da FEA. Além disso, a comparação entre a análise FEA e a análise experimental das tensões será útil para otimizar o corpo da válvula de comporta.

4.3 Dados resumidos das tensões principais utilizando a FEA

São determinadas as tensões principais (б1 e б2) nos mesmos pontos de interesse seleccionados para a montagem da roseta do extensómetro no corpo da válvula. As tensões são encontradas em dois casos diferentes, aplicando pressões internas (10,34 MPa e 15,51 MPa). As tabelas seguintes mostram 1st e 2nd resultados das tensões principais encontradas pela FEA.

Location Number	1st principal stress N/mm^2	2nd principal stress N/mm^2
1	36.4	35.6
2	55.4	50.7

Tabela 4.3.1 - **Resultados da FEA a 10,34 MPa de pressão interna aplicada**

Location Number	1st principal stress N/mm^2	2nd principal stress N/mm^2
1	47.8	44.0
2	70.3	67.3

Tabela 4.3.2 **Resultados da FEA a 15,51 MPa de pressão interna aplicada**

CAPÍTULO 5

ANÁLISE EXPERIMENTAL DE TENSÕES

5.1 Introdução

A análise experimental da tensão significa determinar o valor da tensão na superfície do corpo da válvula quando é aplicada pressão interna. Para o mesmo objetivo, é necessário primeiro descobrir o valor da tensão na mesma superfície. Existem diferentes métodos para determinar os valores de tensão na superfície do corpo da válvula, como o método do extensómetro, o método da fotoelasticidade, o método da franja de moiré e o método da grelha. Mas é flexível e mais fiável utilizar a técnica do extensómetro para a análise experimental das tensões, uma vez que o modelo físico está disponível.

5.2 Seleção da roseta extensométrica:

Estão disponíveis no mercado diferentes tipos de rosetas para medir a deformação, mas neste caso as direcções das forças que actuam são desconhecidas, pelo que é preferível utilizar a roseta retangular, uma vez que esta recebe a carga em três direcções X, Y e Z e, em última análise, podem ser obtidas deformações em três direcções.

5.3 Etapas da colagem da roseta extensométrica

I) Seleção do local de instalação

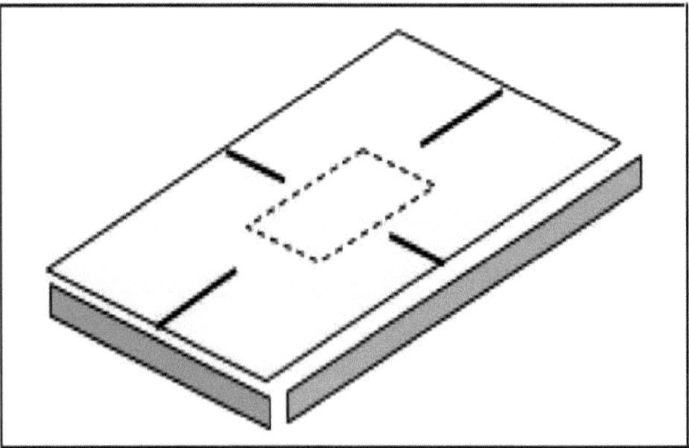

Selecionar e marcar a zona de instalação do calibre no provete previamente decidido Superfície.

II) Remoção de ferrugem e tinta

Remover toda a gordura, incrustações, ferrugem e tinta da área de instalação para obter uma superfície metálica brilhante da amostra. Dependendo do tipo de revestimento, é possível colar os strain gauges no local sem remover a tinta ou o revestimento. Mas, como regra geral, toda a tinta ou revestimento deve ser removido e o strain gauge é instalado diretamente na superfície metálica pré-paga

III) Retificação

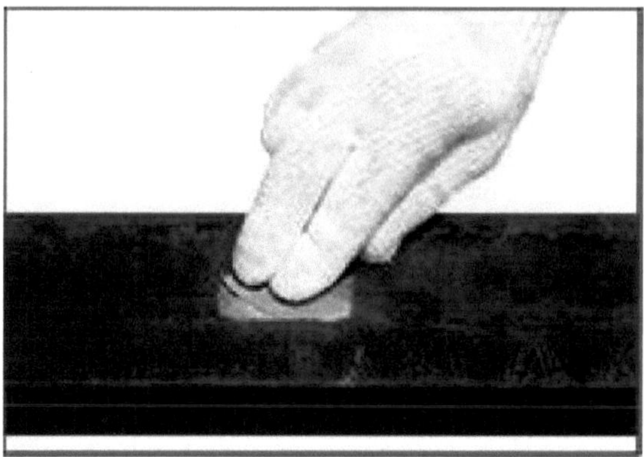

Utilizar papel abrasivo para raspar uniformemente uma área ligeiramente maior do que o strain gauge a ser instalado Utilizar papel abrasivo para raspar uniformemente uma área ligeiramente maior do que o strain gauge a ser instalado. Seleccione o grau mais apropriado de papel abrasivo, dependendo do material da amostra de teste. Utilizar uma folha de papel abrasivo #120-180 para aço e #240-320 para alumínio. Marcar a área de instalação do calibre.

IV) Limpeza de superfícies

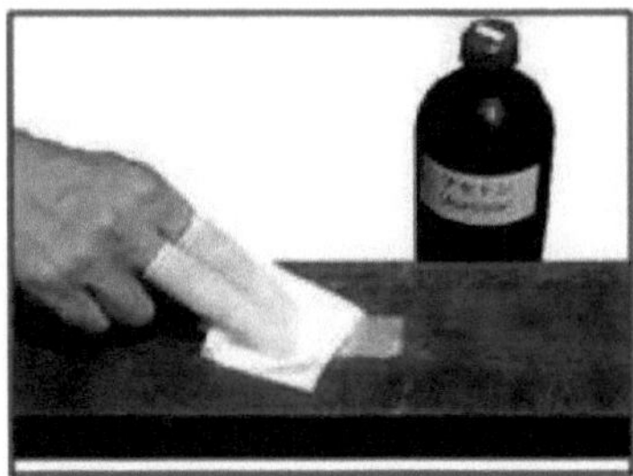

Limpar a superfície desgastada com papel toalha ou pano de qualidade industrial humedecido com uma pequena quantidade de solvente. Limpar a superfície até que o papel de cozinha ou o pano não apanhe qualquer material estranho.

V) Marcação

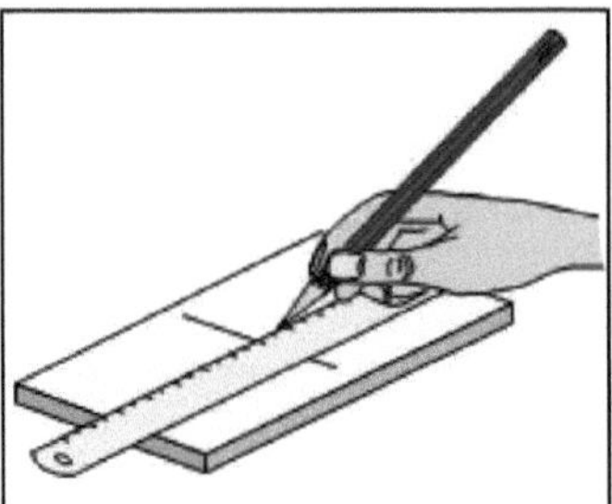

É sempre necessária uma montagem exacta do strain gauge no componente. O método normal de arquivar isto é marcar cuidadosamente a área de instalação do medidor com um lápis ou um riscador.

VI) Mascaramento

Utilizando fita de celofane, marcar uma área ligeiramente maior do que a base do extensómetro a instalar.

VII) Adesivo gota a gota

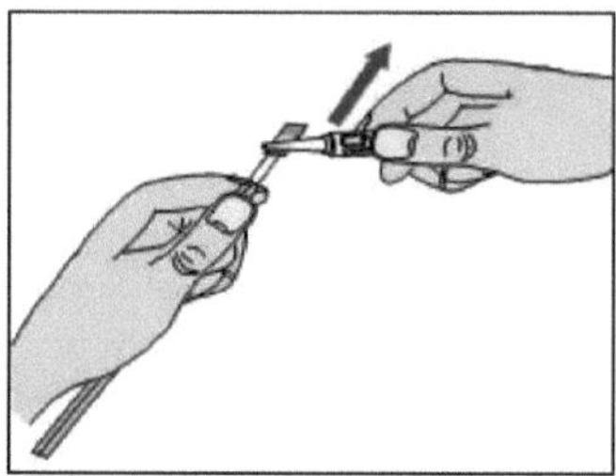

Aplique a quantidade necessária de adesivo na parte de trás da base do extensómetro. Utilize o bocal do recipiente de adesivo para espalhar uniformemente o adesivo em toda a parte de trás do extensómetro.

VIII) Aplicação de pressão

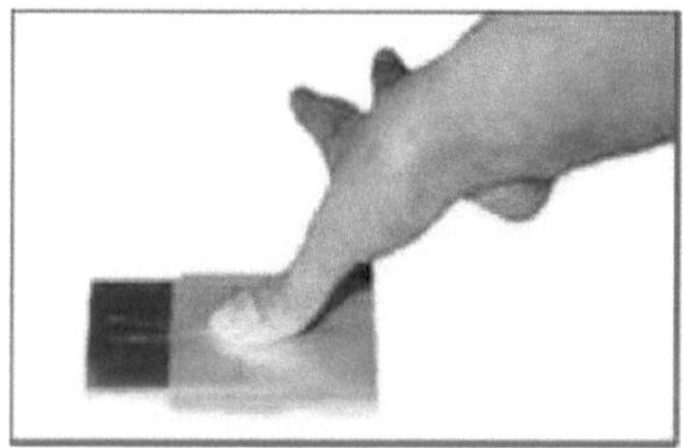

Alinhar o calibre com as marcas de posicionamento. Colocar a folha de polietileno sobre o calibre e exercer uma pressão constante com o polegar.

IX) Remoção da fita adesiva

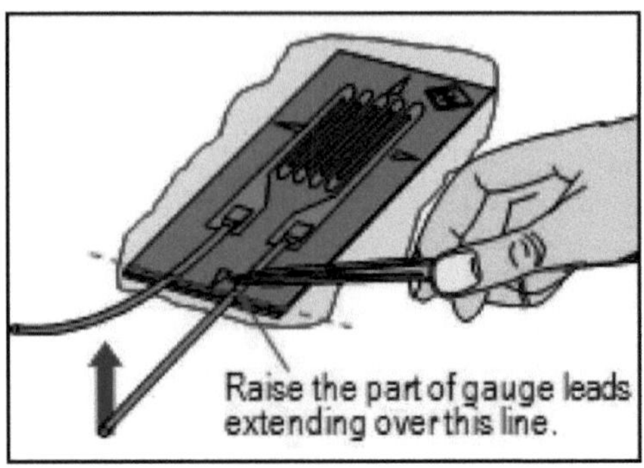

Levantar cuidadosamente os cabos do calibre depois de a cola aplicada ter endurecido. Retirar a fita adesiva.

X) Resistência do manómetro

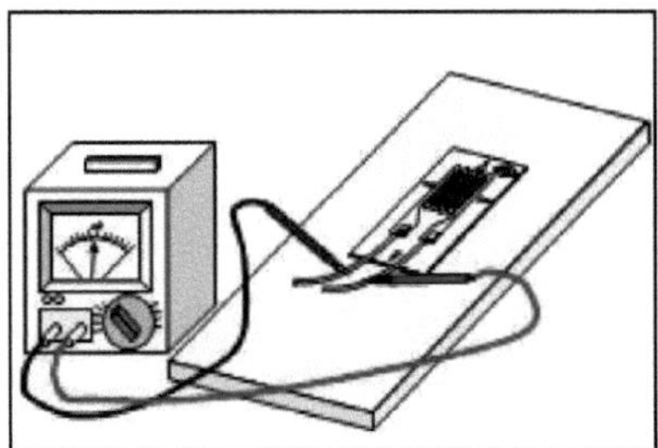

Verificar se a resistência medida está em conformidade com a classificação indicada como "RESISTÊNCIA DO GABARITO" na embalagem do extensómetro utilizado.

XI) Resistência de isolamento

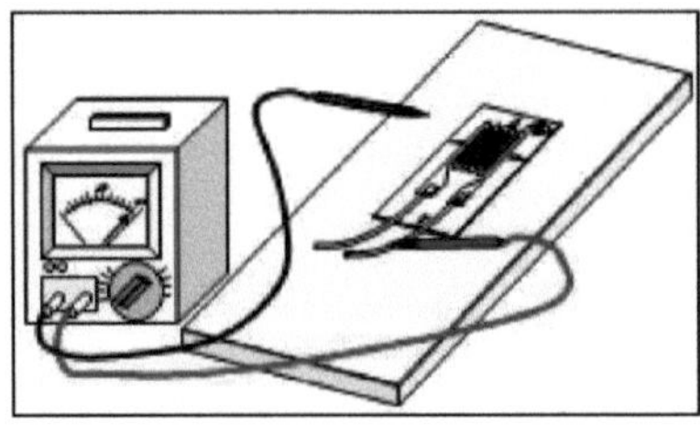

Verificar a resistência de isolamento entre as amostras de ensaio e o extensómetro instalado.

XII) Ligação de um terminal de ligação

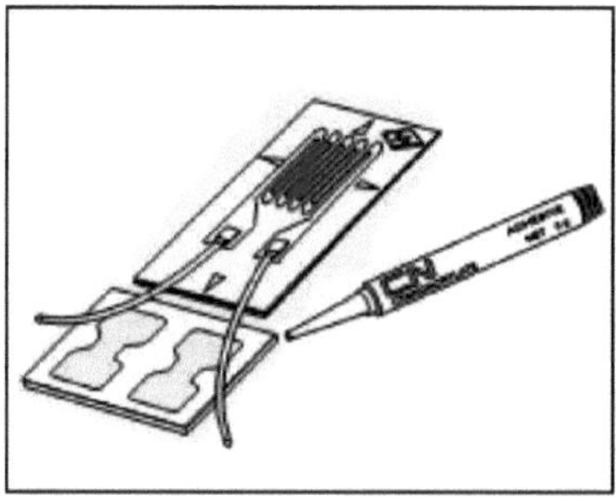

Instalar um terminal de ligação / base do tipo folha de alumínio utilizando o adesivo CN.

XIII) Ligações do cabo do manómetro

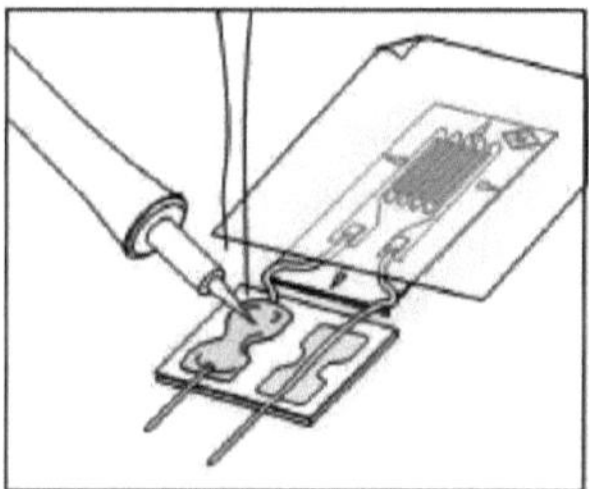

Colocar os fios do manómetro sobre o terminal de ligação, deixando uma pequena folga nos fios do manómetro. Aplique solda suficiente para cobrir a folha de metal no terminal de ligação. Torça o excesso de fio do manómetro com uma pinça.

XIV) Remoção do Fluxo

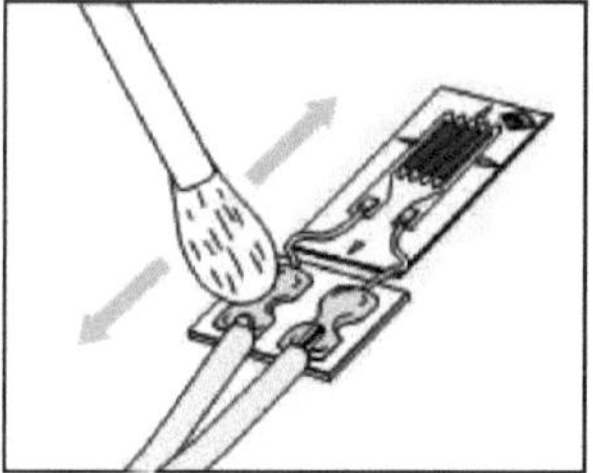

Limpar o fluxo de soldadura com um cotonete humedecido com um solvente de limpeza, como a acetona.

XVI) Fixação dos fios de chumbo

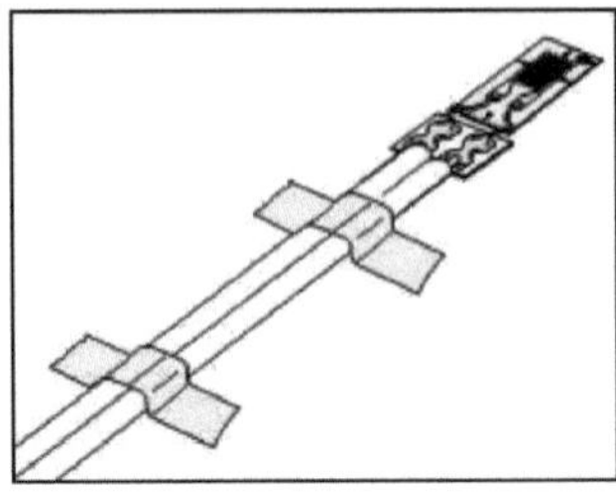

Deixar uma folga nos fios de chumbo para assegurar que os fios de chumbo não são sujeitos a cargas indevidas. Materiais para a fixação dos fios de chumbo

5.4 Circuito em ponte de Wheatstone

Uma vez que a medição da deformação com um strain gage de resistência ligado requer normalmente a deteção de deformações mecânicas muito pequenas e de pequenas alterações de resistência, tem de ser ligado a um circuito elétrico que seja capaz de medir as alterações mínimas de resistência correspondentes à deformação. A magnitude resultante da maioria das medições de deformação em aplicações de análise de tensões é normalmente de até 10000 με, e raramente superior a cerca de 3000με. Como tal, é necessário um método exato de medição de alterações muito pequenas na resistência. A ponte de Wheatstone entra em ação.

Uma ponte de Wheatstone é um circuito de ponte dividida utilizado para a medição da resistência eléctrica estática ou dinâmica. A tensão de saída da ponte de Wheatstone é expressa em mil volts de saída por volt de entrada. A ponte de Wheatstone é composta por quatro braços resistivos dispostos na configuração de um diamante, como mostra a figura 5.1. Uma tensão de excitação é aplicada ao longo do losango (ou entrada da ponte) e a tensão de saída resultante pode ser medida ao longo dos outros dois vértices do losango, como se mostra. Na figura, se R1, R2, R3 e R4 forem iguais, e uma tensão, VIN, for aplicada entre os pontos A e C, então a saída entre os pontos B e D não mostrará nenhuma diferença de potencial. E se R4 for substituído por Rg, cujo valor de resistência não é igual a R1, R2 e R3, a ponte ficará desequilibrada e existirá uma tensão nos terminais de saída. A tensão total ou tensão de saída do circuito (VOUT) é equivalente à diferença entre a queda de tensão em R1 e R4, ou Rg. Isto também pode ser escrito como,

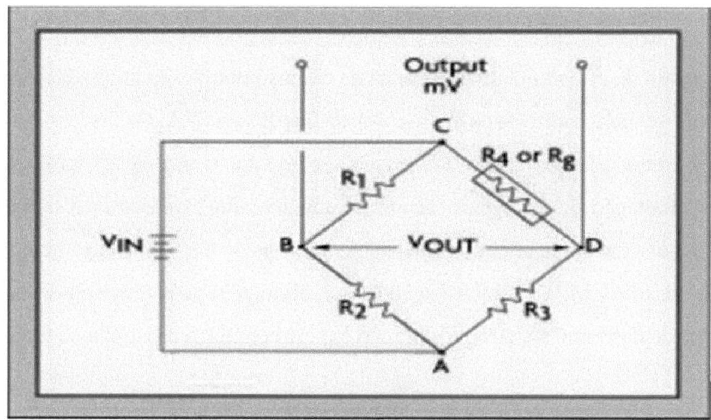

Figura 5.4 - Circuito em ponte de Wheatstone

$$Vout = VCD - VCB$$

A ponte é considerada equilibrada quando,

$$\frac{R1}{R2} = \frac{R3}{R4}$$

E, portanto, VOUT é igual a zero. Qualquer pequena alteração na resistência da grelha de deteção desequilibrará a ponte, tornando-a adequada para a deteção de deformação. Quando a ponte é configurada de modo a que Rg seja o único strain gage ativo, qualquer alteração na resistência de Rg desequilibrará a ponte e produzirá uma tensão de saída diferente de zero, proporcional à alteração na resistência. Alteração na resistência devido à deformação aplicada.

5.5 Configuração experimental

Neste trabalho experimental, é utilizada a técnica do manómetro para calcular a tensão num ponto de interesse. Este método é mais económico e consome menos tempo. Inicialmente, o corpo da válvula é limpo com a ajuda de diluente e algodão limpo. Em seguida, as aberturas inferior e superior são fechadas com a ajuda de duas tampas inferiores e de um vedante de borracha para evitar a perda de pressão por fuga. Em seguida, a entrada e a saída do corpo da válvula são fechadas com duas placas laterais e um vedante de borracha. Uma abertura feita para a instalação da válvula de alívio é mantida aberta para efeitos de enchimento do líquido de arrefecimento no corpo da válvula. Quando o corpo estiver totalmente cheio de líquido de refrigeração, essa abertura também é fechada. A placa de fecho da entrada tem uma abertura para a ligação do tubo de saída da unidade de pressurização.

Após a conformidade do aperto de todos os parafusos, é efectuado o ensaio de estanquidade. Para verificar se há fugas, aumenta-se a pressão interior do corpo da válvula. Geralmente, a pressão aumentada é de até 7 MPa e mantém-se durante alguns minutos. Se não for detectada qualquer fuga durante o ensaio, a pressão no interior do corpo da válvula é aliviada e passa a zero.

Após o ensaio de estanquidade, as rosetas de extensómetros são montadas em dois locais que foram previamente decididos através da análise dos resultados da FEA. Os fios condutores das rosetas dos extensómetros montados no corpo da válvula são ligados a um painel traseiro da unidade de equilibragem e comutação de 10 canais, sendo o indicador do extensómetro ligado para medir a deformação desenvolvida em cada extensómetro. As leituras da deformação são efectuadas em duas fases a 10,34 MPa e 15,51 MPa. A deformação desenvolvida em cada braço da roseta é registada no visor do indicador de deformação. A configuração experimental é a mostrada na fotografia.

Figura 5.5.1 Fotografia da instalação experimental

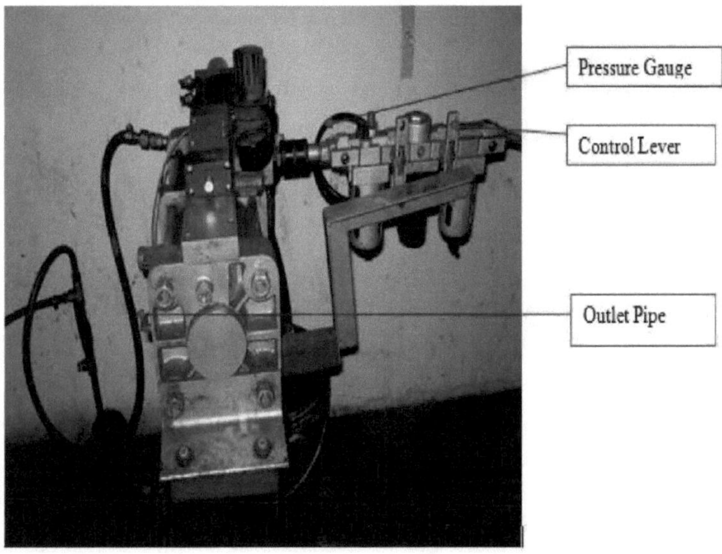

Figura 5.5.2 Unidade de pressurização da fotografia

5.6 Especificações da roseta de extensómetros utilizada

As rosetas de extensómetros utilizadas são de fabrico japonês, em número de cinco, para efeitos de experimentação, uma vez que são altamente sensíveis à carga e também fiáveis. Os outros pormenores das rosetas de strain gauge são os seguintes

Fabricante : Tokyo Sokki Kenkujo Co.Ltd.
Tipo : FRA-5-11
Comprimento do calibre : 5 mm
Resistência do calibre : 350 Ω
Fator de calibre- : 2.10

5.7 Observações experimentais

Para cada caso de carga, são observadas três leituras. As três leituras são respectivas aos três eixos dos três eixos da roseta, nomeadamente ε_1 , ε_2 , ε_3 . Para obter as leituras dos três eixos, devem ser ligados ao indicador de tensão fios condutores das respectivas direcções. As leituras mostradas pelo indicador de deformação são em micro-deformações. Finalmente, as deformações principais e as tensões principais dos respectivos pontos de interesse onde as rosetas são montadas são calculadas por método analítico. Os resultados são apresentados em tabelas.

Tabela 5.7.1 - Resultados experimentais à pressão interna aplicada de 10,34 MPa.

Rosette Number	**ε_1 μstrain**	**ε_2 μstrain**	**ε_3 μstrain**	**σ_1 N/mm^2**	**σ_2 N/mm^2**
1	97	44	95	36.4	35.6
2	127	47	118	48	44

Tabela 5.7.2 - Resultados experimentais à pressão interna aplicada de 15,51 MPa.

Rosette Number	**ε_1 μstrain**	**ε_2 μstrain**	**ε_3 μstrain**	**σ_1 N/mm^2**	**σ_2 N/mm^2**
1	147	65	136	55	51
2	187	68	180	67	70

Exemplos de cálculos:-

Indicador de tensão Leitura:-

e_a	e_b	e_c
97	44	95

$$\varepsilon 1 = \frac{1}{2}(e_a + e_b) + \sqrt{(e_a - e_b)^2 + (2e_b - e_a - e_c)^2} \times 10^{-6}$$

$$= \frac{1}{2}(97 + 95) \pm \sqrt{(97 - 95)^2 + (2 \times 44 - 97 - 95)^2} \times 10^{-6}$$

$$\mathcal{E}1 = 98\ \mu\text{strain}$$

$$\mathcal{E}2 = \frac{1}{2}(\mathrm{e}a + \mathrm{e}b) - \sqrt{(\mathrm{e}a - \mathrm{e}b)^2 + (2\mathrm{e}b - \mathrm{e}a - \mathrm{e}c)^2} \times 10^{-6}$$

$$= \frac{1}{2}(97 + 95) - \sqrt{(97 - 95)^2 + (2 \times 44 - 97 - 95)^2} \times 10^{-6}$$

$$\mathcal{E}2 = 94\ \mu\text{strain}$$

O princípio salienta:- O princípio salienta

$$б_1 = \frac{É}{(1-\mu^2)}[\mathcal{E}1 + (\mu \times \mathcal{E}2)] \times 10^{-6}$$

$$б_1 = \frac{2.7 \times 10^5}{(1-0.28^2)}[98 + (0.28 \times 94)] \times 10^{-6}$$

$$б_1 = 36.42\ \ \text{N/mm}^2$$

$$б_2 = \frac{É}{(1-\mu^2)}[\mathcal{E}2 + (\mu \times \mathcal{E}1)] \times 10^{-6}$$

$$б_2 = \frac{2.7 \times 10^5}{(1-0.28^2)}[94 + (0.28 \times 98)] \times 10^{-6}$$

$$б_2 = 35.6\ \ \text{N/mm}^2$$

Vonmisses from $б_1$ and $б_2$

$$Y_0 = \sqrt{\sigma 1^2 - \sigma 1 \sigma 2 \times \sigma 2^2}$$

$$= \sqrt{36.4^2 - (36.4 \times 35.6) \times 35.6^2}$$

$\mathbf{Y_0}$ = 36.01 N/mm^2

CAPÍTULO 6

COMPARAÇÃO ENTRE OS RESULTADOS DO FEA E OS RESULTADOS EXPERIMENTAIS

As tabelas 6.1 e 6.2 mostram o valor do desvio em 1st e 2nd tensões principais, calculadas com base nos resultados experimentais e nos resultados do FEA, para o corpo da válvula com uma espessura de parede de 76,2 mm e no mesmo ponto onde foram montadas as rosetas dos extensómetros. Os resultados mostram claramente que o desvio máximo nestes resultados é igual a 2,5 %, o que é permitido. Ao efetuar a validação experimental, as leituras dependem das condições ambientais, como a diferença de temperatura, a sensibilidade do instrumento de medição, os erros humanos, os defeitos de fundição incorporados durante o fabrico do corpo da válvula por fundição, que são algumas das razões possíveis para o desvio.

Tabela 6.1 - Comparação dos resultados de vonmisses e FEA à pressão interna aplicada 10,34 MPa

Strain Gauge mounting location number	FEA results	Experimental results (Vonmisses)	% Deviation
1	38.45	36.09	2.36
2	50.59	46.07	4.52

Tabela 6.2 - Comparação dos resultados de vonmisses e FEA à pressão interna aplicada 15,51 MPa

Strain Gauge mounting location number	FEA results	Experimental results (Vonmisses)	% Deviation
1	57.67	53.29	4.38
2	75.90	68.84	7.06

Como os resultados da FEA e os resultados experimentais estão a aproximar-se, podem ser criados diferentes modelos do corpo da válvula, variando a espessura da parede e da flange. A FEA destes modelos será realizada sem afetar a geometria original, uma vez que a modelação paramétrica 3D é construída no CATIA.

CAPÍTULO 7
REVISÃO DA CONCEPÇÃO

7.1 Introdução

O objetivo da revisão do projeto é reduzir o custo do corpo da válvula através da redução do seu peso, sem comprometer a resistência do invólucro. Há muitas formas de reduzir os custos

> Mudar o material de baixo custo
> Alterar a forma para que seja necessário menos material.
> Alterar o processo de fabrico.
> Alterar a espessura da parede e do flange para reduzir o peso.

Mas das formas acima mencionadas, não é possível mudar o material porque o material atualmente utilizado, o aço fundido, é mais compatível com o ambiente de trabalho. Também não é possível alterar o processo de fabrico porque a fundição é o único método adequado para formas tão complicadas. Assim, a única solução é alterar a espessura da parede e do flange, o que acaba por reduzir o peso e o custo da peça.

A determinação experimental da tensão e da deformação no corpo da válvula é ligeiramente difícil e dispendiosa. Esta validação experimental não é viável para cada corpo de válvula com diferentes espessuras de parede sujeito a pressão interna. Como os resultados experimentais e os resultados do FEA são muito próximos, a revisão do projeto é feita utilizando o FEA para poupar tempo e dinheiro. A espessura da parede e da flange do corpo da válvula varia facilmente com a ajuda do CATIA e a análise é efectuada com o ANSYS. Como o corpo da válvula com 76,6 mm de espessura apresenta uma tensão principal máxima de 1st até 165,55 N/mm^2 e a tensão de cedência até 290 N/mm^2 , é possível reduzir a espessura da parede. O exercício foi feito para reduzir a espessura da parede em passos de 1 mm sem afetar a forma original e mantendo o mesmo material do corpo da válvula.

7.2 Etapas da análise do projeto

- Modelação do corpo da válvula com CATIA.
- Análise de tensões do modelo acima com recurso à FEA.
- Repetição dos passos anteriores para os diferentes modelos recentemente concebidos.

7.3 Otimização do corpo da válvula através da redução da espessura da parede

Como a espessura real da parede é muito maior do que a espessura mínima desejada, a atenção é dada principalmente a esta espessura da válvula de parede. Inicialmente, a espessura da parede é reduzida em 1 mm, uma vez que o modelo é criado com uma expressão paramétrica que se torna simples. A malha do novo corpo da válvula é efectuada de forma semelhante à malha anterior e os resultados da FEA são verificados. Este procedimento é repetido reduzindo a espessura da parede em passos de 1 mm. Os resultados obtidos para vários modelos recentemente projectados estão resumidos na tabela 7.1. Estes resultados são úteis para decidir qual o melhor modelo optimizado.

7.3.1 Resultados da FEA para o corpo da válvula recentemente projetado com uma espessura de parede de 22,6 mm

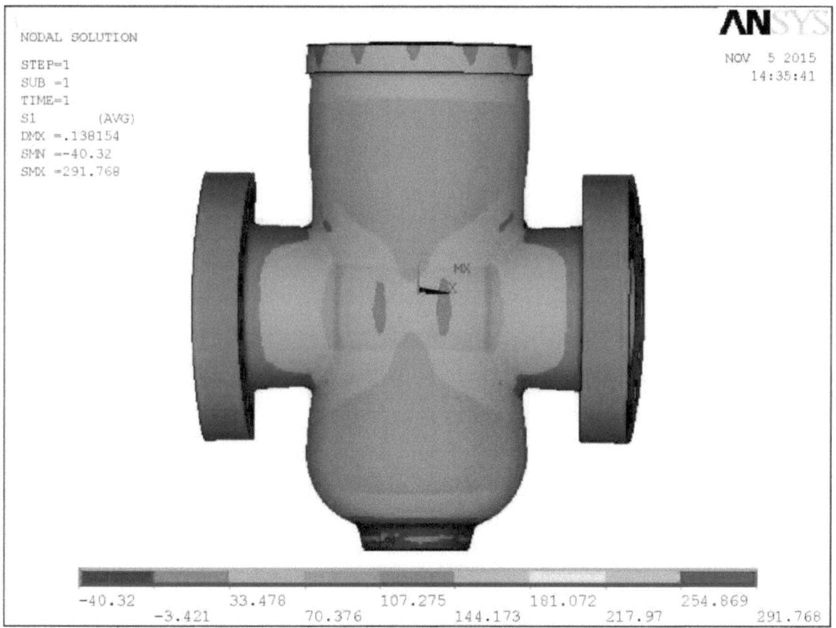

Figura 7.3.1.1 - 1st tensão principal

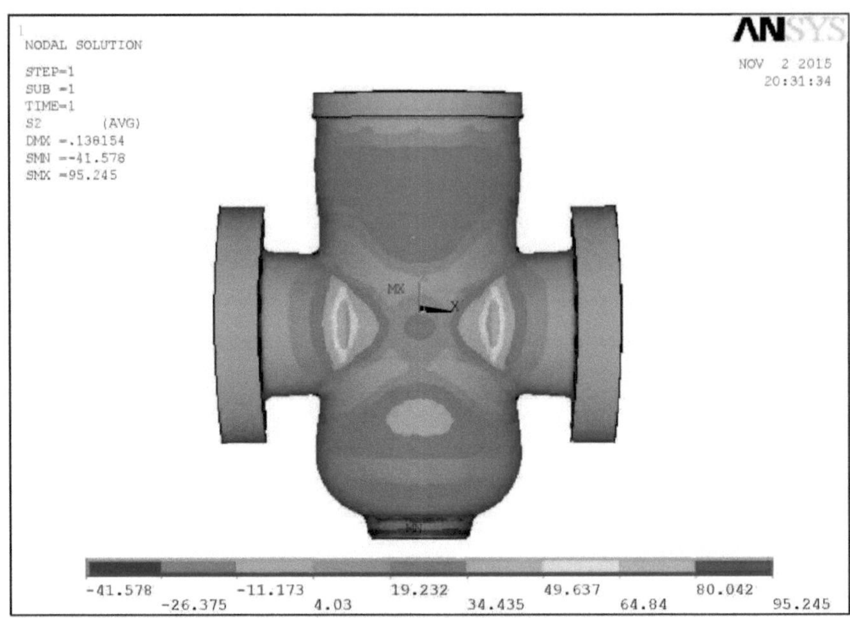

Figura 7.3.1.2 - 2nd tensão principal

A partir do padrão de tensões obtido, conclui-se que o valor máximo da tensão 1st principal é de 291,76 N/mm^2 encontrado na flange. A 2nd tensão principal encontrada na superfície exterior do corpo da válvula é de 95,24 N/mm^2 . st Nas condições reais de trabalho, a tensão principal máxima encontrada é de 248,325 N/mm^2 no mesmo local, ou seja, na parte da flange. Os resultados do contorno das tensões indicam que, à exceção da secção da flange, as tensões são muito menores nas outras zonas do componente. Os resultados do novo corpo da válvula concebido são inferiores ao valor da tensão de cedência; isto mostra que o novo corpo da válvula concebido é seguro para as mesmas condições de trabalho. Ao reduzir a espessura da parede em 1 mm, o peso do corpo da válvula é reduzido para 4,12 kg.

7.3.2 Resultados da FEA para o corpo da válvula recentemente projetado com uma espessura de parede de 20,6 mm

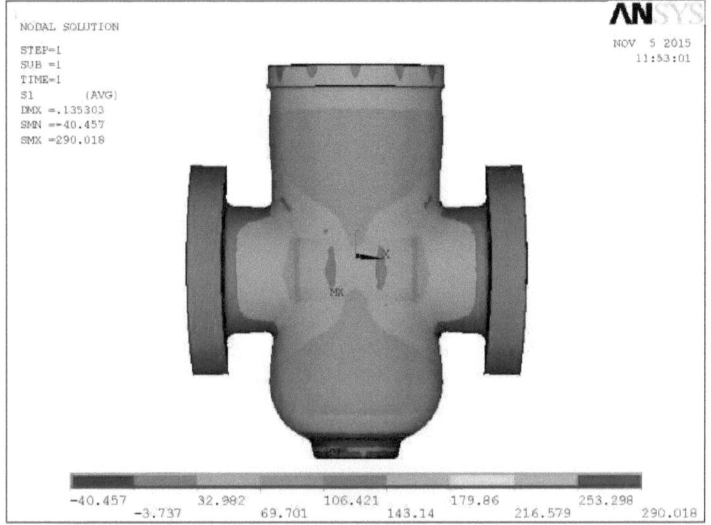

Figura 7.3.2.1 - 1st tensão principal

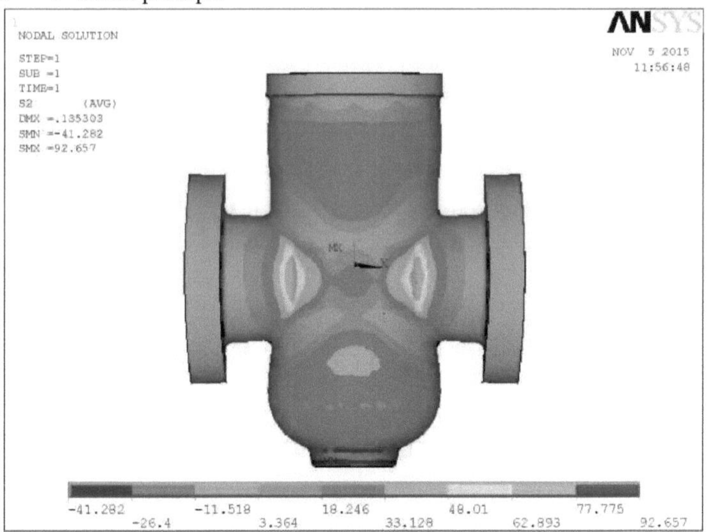

Figura 7.3.2.2 - 2nd tensão principal

A partir do padrão de tensões obtido, conclui-se que o valor máximo da tensão 1st principal é 290,08 N/mm^2 encontrado na flange. A 2nd tensão principal encontrada na superfície exterior do corpo da válvula é de 92,65 N/mm^2 . st Nas condições reais de trabalho, a tensão principal máxima encontrada é de 248,32 N/mm^2 no mesmo local, ou seja, na parte da flange. Os resultados do contorno das tensões indicam que, à exceção da secção da flange, as tensões são muito menores nas outras zonas do componente. Os resultados do novo corpo da válvula concebido são inferiores ao valor da tensão de cedência; isto mostra que o novo corpo da válvula concebido é seguro para as mesmas condições de trabalho. Ao reduzir a espessura da parede em 3 mm, o peso do corpo da válvula é reduzido para 5,012 kg.

7.4 Otimização do corpo da válvula através da redução da espessura da parede e da espessura da flange

Na segunda fase, a espessura da parede é reduzida em passos de 1 mm, e a espessura da flange é reduzida em 2 mm, tornando-se 74,2 mm. A espessura inicial da flange era de 76,2 mm. Foram criados quatro novos modelos. A malha do novo corpo da válvula foi efectuada de forma semelhante à malha anterior e os resultados da FEA foram verificados. Este procedimento é repetido reduzindo a espessura da parede em passos de 1 mm e mantendo constante a espessura da parede de 22,6 mm. Os resultados obtidos para vários modelos recentemente projectados estão resumidos na tabela 7.2.

7.4.1 Resultados da FEA para o corpo da válvula recentemente projetado com uma espessura de parede de 22,6 mm e uma espessura de flange de 74,2 mm

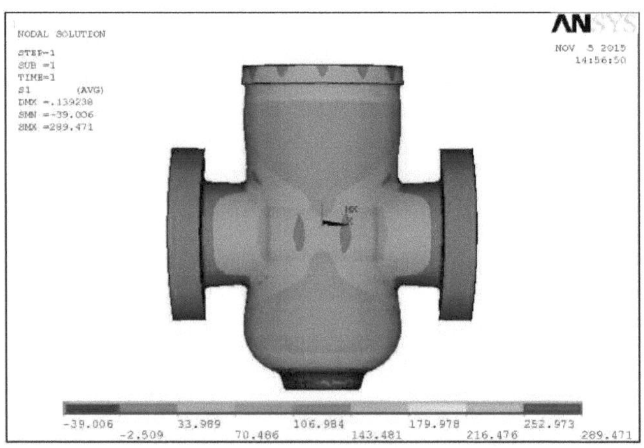

Figura 7.4.1.1 - 1st tensão principal

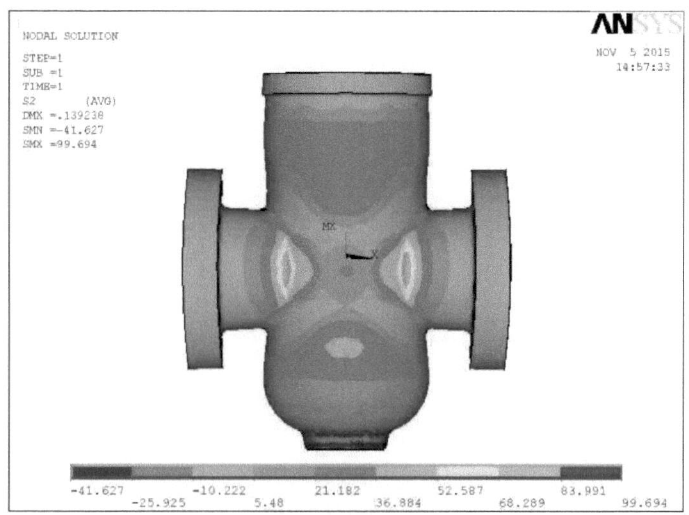

Figura 7.4.1.2 - 2nd tensão principal

A partir do padrão de tensões obtido, conclui-se que o valor máximo da tensão 1st principal é de 289,417 N/mm^2 encontrado na flange. A 2nd tensão principal encontrada na superfície exterior do corpo da válvula é de 99,694 N/mm^2 . st Nas condições reais de trabalho, a tensão principal máxima encontrada é de 248,32 N/mm^2 no mesmo local, ou seja, na parte da flange. Os resultados do contorno das tensões indicam que, à exceção da secção da flange, as tensões são muito menores nas outras zonas do componente. Os resultados do novo corpo da válvula concebido são inferiores ao valor da tensão de cedência; isto mostra que o novo corpo da válvula concebido é seguro para as mesmas condições de trabalho. Em comparação com os resultados do corpo da válvula, alterando apenas a espessura da parede em 1 mm, o peso é reduzido em 4,125 kg, mas as tensões diminuem. Ao reduzir a espessura da parede em 1 mm e a espessura da flange em 2 mm, o peso do corpo da válvula é reduzido em 7,467 kg.

7.4.2 Resultados da FEA para o corpo da válvula recentemente projetado com uma espessura de parede de 22,6 mm e uma espessura de flange de 73,2 mm

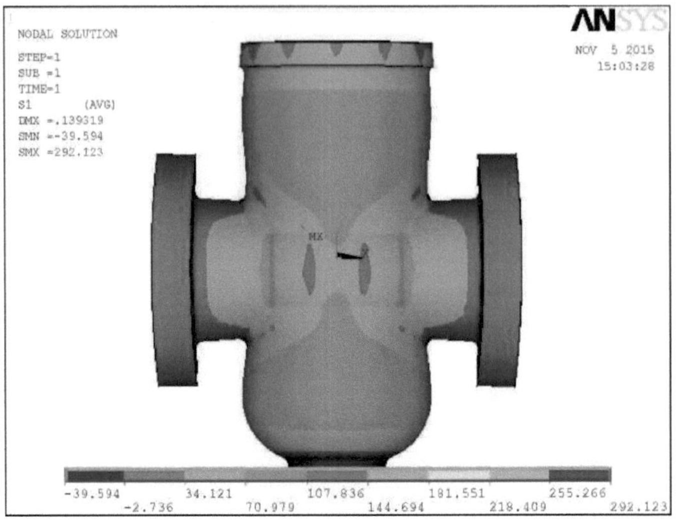

Figura 7.4.2.1 - 1st tensão principal

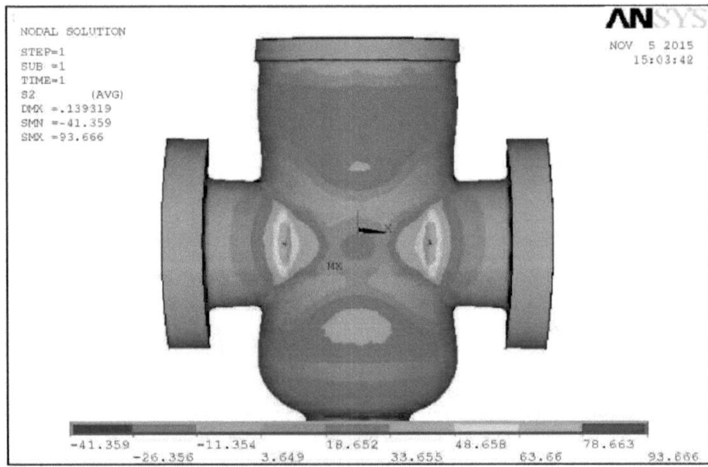

Figura 7.4.2.2 - 2nd tensão principal

A partir do padrão de tensões obtido, conclui-se que o valor máximo da tensão 1st principal é de 292,12 N/mm^2 encontrado na flange. A 2nd tensão principal encontrada na superfície exterior do corpo da válvula é de 93,66 N/mm^2 . stNas condições reais de trabalho, a tensão principal máxima encontrada é de 248,32 N/mm^2 no mesmo local, ou seja, na parte da flange. Os resultados do contorno das tensões indicam que, à exceção da secção da nervura, as tensões são muito menores nas outras zonas do componente.

Os resultados do novo corpo da válvula projetado são inferiores ao valor da tensão de cedência; isto mostra que o novo corpo da válvula projetado é seguro para as mesmas condições de trabalho. Neste caso, a espessura da flange é reduzida; em comparação com os resultados do corpo da válvula, alterando apenas a espessura da parede em 1 mm, o peso é reduzido em 4,125 kg, mas as tensões diminuem. Ao reduzir a espessura da parede em 1 mm e a espessura da flange em 3 mm, o peso do corpo da válvula é reduzido em 9,138 kg.

CAPÍTULO 8

DISCUSSÃO DOS RESULTADOS E CONCLUSÃO

8.1 Discussão dos resultados

Os resultados da FEA e a redução do peso após a revisão do projeto estão resumidos nos quadros seguintes:

Tabela n.º 8.1 Resultados da FEA

Parameter Changed	**Max Vonmises stress(N/mm^2)**	**Reduction in weight (Kg)**	**Percentage reduction In weight (%)**
Reducing wall thickness by 1 mm.	235.7	4.125	1.1
Reducing wall thickness by 3 mm.	241.1	5.012	1.4
Reduced wall thickness 1mm and flange thickness by 2 mm	235.5	7.467	2
Reduced wall thickness 1mm and flange thickness by 3mm	219.1	9.138	2.5

Reduzindo a espessura da parede em 1 mm, o peso é reduzido em 4,125 kg (1,1%), enquanto o valor máximo do nível de tensão principal é 235,7 N/mm^2 . Quando a espessura da parede é reduzida em 3 mm, o peso é reduzido em 5,012 kg, mantendo o valor máximo de tensão em 241,1 N/mm^2 . Para outra modificação, ao reduzir a espessura da parede em 1 mm e a espessura da flange em 2 mm, o peso é reduzido em 7,467 kg (2%) em relação ao peso original e as tensões máximas encontradas são iguais a 235,5 N/mm^2 . Se a espessura da parede for reduzida em 1 mm e a espessura da flange em 3 mm, o peso é reduzido em 9,38 kg (2,5%) e as tensões máximas encontradas são iguais a 219,1 N/mm^2 .

Os resultados obtidos com a redução da espessura da parede e da espessura do flange são melhores do que apenas com a redução da espessura da parede. Porque as tensões principais não se alteram na parte do flange à medida que a espessura do flange é reduzida e o valor da tensão principal é muito inferior ao valor da tensão de cedência, pelo que os projectos são seguros para as condições de trabalho.

8.2 Conclusão

Neste trabalho de dissertação, foi feita uma tentativa de otimização do peso do corpo da válvula de gaveta. Foram criados vários modelos através da alteração dos parâmetros de projeto e analisados estes modelos para obter melhores resultados. As deformações e tensões estruturais experimentais foram medidas através da pressurização efectiva do corpo da válvula e comparadas com os resultados da FEA. A técnica do extensómetro dá bons resultados para a medição da deformação e da tensão no ponto de interesse.

1 Os resultados do método dos elementos finitos para a análise estrutural do corpo da válvula de gaveta estão de acordo com os resultados experimentais, uma vez que o desvio máximo é de 2,5% e o desvio mínimo é de 1,1%, o que é admissível.

2 Oito novos modelos optimizados diferentes foram criados através da alteração dos parâmetros de conceção e analisados, uma vez que há restrições à alteração das dimensões da flange e da espessura do corpo da parede, que são consideradas para otimização.

3 Os resultados da redução da espessura da parede e da espessura da flange são melhores do que apenas a redução da espessura da parede.

4 O melhor modelo optimizado é aquele em que a espessura da parede é reduzida em 1 mm e a espessura da flange em 3 mm, reduzindo o peso em 9,138 kg (2,5%), porque o nível máximo de tensão é inferior ao valor da tensão de cedência do material. Os resultados da FEA para este modelo optimizado mostram que as tensões na flange não são afectadas devido à redução da espessura da flange.

8.3 Âmbito dos trabalhos futuros

Existe uma grande margem de manobra para o trabalho relacionado com a análise de tensões. Em relação ao presente trabalho de dissertação, os seguintes pontos devem ser considerados para trabalhos futuros.

1. Análise de tensões pelo método da foto elasticidade - Neste método, o modelo exato do corpo da válvula é preparado com a ajuda de material fotoelástico que é utilizado para a análise pelo método da foto elasticidade. As condições de carga são aplicadas no mesmo modelo e é possível ver os valores reais da tensão ponto a ponto no corpo da voluta. Além disso, as deflexões são visíveis a olho nu. A otimização também é mais fácil e podem ser

vistos resultados imediatos do padrão de tensão para o componente optimizado.

2. Análise experimental das tensões do modelo optimizado recentemente concebido e comparação dos resultados da análise experimental das tensões com os resultados obtidos pela FEA.
3. Nesta análise, o efeito da temperatura do fluido não é considerado, mas o efeito da temperatura do fluido pode ser investigado no futuro. A distribuição da temperatura e as tensões térmicas podem ser determinadas utilizando a FEA.

REFERÊNCIAS

1. E.S. Barboza Neto , M. Chludzinski , P.B. Roese , J.S.O. Fonseca , S.C. Amico , C.A. Ferreira (2011), "Experimental and numerical analysis of a LLDPE/HDPE liner for a composite pressure vessel",ELSEVIR. Ensaios de Polímeros 30,pp. 693-700.
2. Xue-Guan SONG, Seung-Gyu KIM, Seok-Heum BAEK, Young-Chul PARK (2009) "Otimização estrutural para válvula de esfera feita de aço inoxidável CF8M" ELSEVIR.Trns.nonferrous Tet,Sec.China 19. pp.258-261.
3. H.Moustabchir, (2010), "Experimental and Numerical study of stress-strain of pressurized cylindrical shells with external defects". Equipe de Mecanique Materiaux et Systemes (EMMS), Department de Physique Faculte des sciences et Techniques Errachidia, University My Ismail, BP 509 Boutalamine, 52000 Errachidia, Morocco. Engineering Failure Analysis 17.pp.506-514.
4. Yong Zhanga,b, Shengdun Zhaoa, Zhiyuan Zhanga, (2008), "Optimization for the forming process parameters of thin-walled valve shell", Escola de Engenharia Mecânica, Universidade Xi'an Jiao Tong, Xi'an 710049, China. Escola de Engenharia Mecânica e Eléctrica, Universidade de Agricultura da Mongólia Interior, Mongólia Interior 010018, China. Thin Walled Structure 46.pp.371-379.
5. B. Prabu, N. Rathinam, R. Srinivasan, K.A.S. Naarayen, (2009), "Finite Element Analysis of Buckling of Thin Cylindrical Shell Subjected to Uniform External Pressure". Departamento de Engenharia Mecânica, Faculdade de Engenharia de Pondicherry, Pondicherry-605014, Índia, Journal of Solid Mechanics Vol. 1, pp.148158.
6. Dr. L.N.Wankhade, Vivek Zolekar (2013), "Análise de elementos finitos e otimização do pistão de motores de combustão interna utilizando RADIOSS e OptiStruct" ISSN 2141-2383.pp 1-8.
7. Sasi Kiran Prabhala, K. Sunil Ratna Kumar (2012) "Design and weight optimization of I c engine",E-ISSN 2249-8974.pp 56-58.
8. Silva S.P., Pereira R.F.P.,Abreu, G. A., Panzera, T. H., Brandao (2010), " Machining optimization of Sleeve and Valves of Hydraulic Steering System ", Proceedings of the World Congress on Engineering, ISSN 2078-0966, Vol. 3, London.
9. Pradnyawant K. Parase , Laukik Raut (2014), "Otimização do peso do corpo de fundição da válvula de encaixe de classe 12 "-150 por análise de elementos finitos", International Journal of Engineering Research & Technology , ISSN: 2278-0181, Vol.3, Iss. 12, pp. 495-500.
10. Ejub Ajan , Samir Lemes (2006), "Weight Optimization of the Butterfly valve Housing", 10th International Research/Expert conference, Barcelona Lloret-de Mar , Espanha 11-15,

Sept. 2006.

11. Dr. K.H. Jatkar , Sunil S. Dhanwe (2013), "Finite Element Analysis of Gate Valve", International Journal of Engineering and Innovative Technology, ISSN: 2277-3754, Vol.2, Iss. 10, PP. 277-281.

12. Deokar Vinayak H., Chavan D.S., "Optimization of 16 "Plug Valve Body using FEA and Experimental Stress Analysis", International Journal of Mechanical Engineering, ISSN: 2277-7059, Vol.I, Iss. I., PP. 79-83.

13. Sr. Shridhar S. Gurav, Dr. S.A. Patil (2014), "Otimização do peso da válvula de gaveta 12"-600 usando análise de elementos finitos e análise experimental de tensão", International Journal of Engineering and Science, ISSN: 2278-4721, Vol. 4, Iss. 9, PP. 31-32.

Printed by Books on Demand GmbH, Norderstedt / Germany